501: Proceso a la vida al límite de la existencia

501: PROCESO A LA VIDA AL LÍMITE DE LA EXISTENCIA

Manuel Domingo Rubio Maeso

501: Proceso a la vida al límite de la existencia

INDICE DE CONTENIDO

PRÓLOGO 5
INTRODUCCIÓN 7
1. EL INGRESO 20
2. EL JUICIO 42
3. LA INFANCIA 55
4. LA SALA DE LOS DECORADORES 79
5. DE NUEVO EN LA "501": CONTINÚA EL PROCESO 94
6. LA CASA DEL MAGO 101
7. LA JUVENTUD 110
8. LA MÚSICA 113
9. LOS AMIGOS, LA QUÍMICA Y LA FOTOGRAFÍA ... 118
10. SIERRA Y NATURALEZA 124
11. LAS CLASES 130
12. DEL AMOR… 141
13. EL SERVICIO MILITAR 168
14. LA VUELTA A CASA 177
15. HACIA UNA MADUREZ PREMATURA 180
16. CAPITULO RESERVADO: La Separación. 216
17. EL EXILIO 217
18. LA SENTENCIA 235
19. EL REGRESO 249

501: Proceso a la vida al límite de la existencia

PRÓLOGO

La toma de consciencia, en esta obra, va a ir encaminada e, irremediablemente, dependiendo del factor espacio-temporal. ¿Somos parte de la realidad observando la fantasía? o, por el contrario, ¿Somos parte de la fantasía observando la realidad?

En la habitación de un Hospital, y en estado prácticamente en roce con la ausencia y pérdida de contacto con lo estrictamente material, no son muchas las personas que han tenido alguna experiencia algo alejada de los límites que nuestro entorno nos impone.

No sabemos lo que ocurrirá cuando la totalidad de nuestro organismo deje de funcionar, pero podemos adentramos en momentos anteriores que nos darán una idea sobre la que intentar construir ese andamio en el que construyamos esa forma de cobrar consciencia y distinguir entre lo real y lo producido por abstracción, así diferenciando y comprendiendo los diferentes horizontes que podemos conquistar.

Haremos un recorrido por una vida, reconstruida por una serie de regresiones, explorando y estudiando a fondo los momentos

501: Proceso a la vida al límite de la existencia

más cruciales, los momentos que son cristalizados y los que nos preparan los más futuros. Tal vez nos pueda llegar a parecer después de esto que todo es fantasía o, quizás más relevantemente, que todo es real: Todavía no hemos inventado una palabra que defina con exactitud dónde están los límites de la existencia, pero sí podemos alejarnos cada vez más de ellos y ampliarlos de forma que nuestra realidad vaya aumentando en complejidad.

Observemos con detenimiento esta obra en la cual, hasta la mente más imperceptible, será capaz de avanzar y adquirir conocimiento sobre todas esas preguntas terrenales sobre el origen y el fin. Una obra sencilla y didáctica adaptada a todos los niveles de comprensión para que, a la vez que leemos parte de una biografía, adquiramos unos conocimientos básicos sobre los que evolucionar.

Úbeda, 28 de mayo de 1.998

Fernando Manuel Rubio Viedma

INTRODUCCIÓN

En el deambular de nuestra vida nos vamos sumergiendo poco a poco en una realidad que nos vamos forjando a nuestro alrededor, constituida por una serie de estructuras fijas de las que nos es difícil salir debido a nuestra actitud cómoda o conformista ante ella.

Esas estructuras mentales con las que damos forma a nuestra propia realidad y que nos conducen a unas actividades cíclicas y rutinarias de las que no queremos desprendernos y que distribuimos a lo largo de nuestras horas de vigilia con el fin de tener nuestra agenda completa día a día, con las mismas tareas a las mismas horas y, con lo cual, nos sentimos satisfechos y decimos: "Bueno ..., yo ya tengo mi vida organizada y no me la complico con nada.

Ya sé todo lo que tenía que saber y que no me cuenten historias que, a mí, así, me va estupendamente". ¡Pues Estupendo!, le diría yo. ¡Suerte la tuya! Son las típicas conductas que nos hacen rodearnos de un caparazón que nos impide ver más allá de lo meramente cotidiano, de lo material, del recibo de la luz o de la alineación del equipo de fútbol para el partido del sábado.

De nuestro caparazón o estilo de vida hacia afuera, no queremos saber nada, no nos interesa. Vivimos en esa realidad que entre el entorno y nosotros mismos hemos creado a nuestra imagen y semejanza sin darnos cuenta de que existe otra realidad por detrás de esa frontera que nos hemos fabricado y que, precisamente, es allí donde radica el verdadero sentido y objetivo último de nuestra existencia.

Pasar esa frontera, claro está, significa trabajo, estudio, pensamiento, recorrer caminos desconocidos sin saber realmente hasta donde nos conducirán. Significa errores, horas de sueño perdidas, laberintos y callejones sin salida, escalas de valores modificadas. Significa ir hilvanando el pensamiento abstracto y el concreto paralelamente, al objeto de no perdernos dentro de nosotros mismos. Lo racional y lo emocional trabajando juntos en esa empresa común que es el ser humano, el sentido de la vida y su finalidad.

Muchos hombres la han traspasado a lo largo de la Historia buscando la eterna respuesta a las preguntas del qué somos, el por qué y para qué estamos aquí. Muchos han sido los caminos escrutados en cada proceso evolutivo del hombre encontrando sentido al pasado y buscando respuestas a lo que será nuestro futuro a partir del momento presente.

Personas movidas por sus propias inquietudes que han ido abriendo caminos y cerrando los que no llevan a ninguna parte en beneficio de todos los que avanzamos detrás.

Desde todas las ramas del saber se intenta y se lucha día a día en este sentido (filósofos, científicos, teólogos, etc.) para que la humanidad no se olvide de sus orígenes ni se duerma al pensar que ya lo sabemos todo, que no queda nada por descubrir y perdamos de la visión de nuestro punto de mira esa meta que tenemos que alcanzar y una salida al final de nuestro recorrido por el mundo de la materia. No somos androides, ni robots biofísicos, ni clones o algo por el estilo. Nosotros, los humanos, tenemos espíritu. Eso que no "vemos" pero que se manifiesta en nosotros constantemente y nos da la vida.

La realidad que nos creamos a través de lo que perciben nuestros sentidos nos sirve para desenvolvemos en el medio de la forma que lo estamos haciendo, pero es una realidad incompleta, no es "real" Si negásemos la existencia de todo aquello que no vemos, negaríamos la existencia de los rayos ultravioletas, infrarrojos, X, gamma, beta, corrientes de tipo magnético o electromagnéticas, etc. y sólo porque la frecuencia vibratoria de esa energía escapa al espectro visible O perceptible por el ojo humano.

También negaríamos la existencia de ultra e infrasonidos, ya que sus niveles vibratorios también escapan a nuestra banda de frecuencias audibles.

De igual modo, y debido a las características de nuestra percepción, vemos un film cinematográfico con sus movimientos continuos. Sin embargo, si observamos la película parada, es decir, sin la velocidad que le imprime la máquina de cine para pasarla por el objetivo, observaremos que está dividida en fotogramas y que de uno a otro hay una parte del movimiento de la escena que no está fotografiado y, debido precisamente al movimiento, nuestro ojo percibe el movimiento continuo y completo.

La percepción humana, restringida a sus cinco sentidos, es así. Tal vez, por este motivo, o por ellos, no nos demos cuenta de que en todo cuanto nos rodea ocurre igual.

501: Proceso a la vida al límite de la existencia

La Leyes de la Naturaleza son las mismas para todo. Las Universales, también. Y sobre las Leyes Interatómicas, lo mismo. Desde el Universo a la partícula más pequeña existente, todo está en constante movimiento. Cada cosa, en su frecuencia vibratoria, manifiesta una imagen que es la que podemos O no percibir, dependiendo de que la misma esté dentro de los parámetros perceptibles por el ser humano.

Esa incesante transformación entre la energía y la materia se manifiesta en el Universo cuando tiene un espacio y un lugar para hacerlo. Del mismo modo, así manifestamos nosotros nuestra existencia ante los demás.

Espacio-tiempo que, como ya postuló Einstein en su Teoría de la Relatividad, son una única magnitud. Es de origen mental y se manifiesta en la cuarta dimensión para poner en sucesión nuestras vivencias, ya que, de lo contrario, ocurrirían todas a la vez. Esta magnitud espacio-temporal es directamente proporcional al nivel de consciencia del ser humano, de manera que en la medida en que esta se altere, lo hará consecuentemente dicha magnitud.

Son situaciones alteradas de consciencia a las cuales accedemos por diversos medios (sueños, hipnosis, regresiones, viajes astrales, meditación u otros métodos orientales, experiencias cercanas a la muerte -ECM-, determinadas drogas, etc.). Situaciones en las cuales no son precisamente los sentidos, tal y como los entendemos, los que nos hacen percibir" y comunicarnos con cuanto nos rodea.

Y si pasáramos a dimensiones como la quinta o la sexta, en las que la magnitud espacio-temporal no existe (o al menos de la forma en que nosotros la entendemos ahora), ¿Cómo podrían ese tipo de energías manifestársenos?

Pues al igual que en el caso de los rayos X u otros como los mencionados anteriormente, su existencia ha sido demostrada científicamente, de la misma forma y a partir de lo que ya se conoce como Religión Científica, se podrá demostrar la existencia de tres cuerpos que forman, junto con el cuerpo físico o denso, al ser humano; y que son el astral, el mental y el espiritual. Y no quiero profundizar mucho en el tema ya que lo que pretendo es llegar a esas personas que muchas veces se lo han preguntado y han desistido por no "calentarse la cabeza" con algo que, en realidad, es muy sencillo.

Partiendo de la base que el Dr. Einstein postuló en sus teorías ($E = mc2$), observaremos que la energía y la materia son lo mismo, la única diferencia radica en el mayor o menor nivel de su frecuencia vibratoria, de la velocidad de vibración. Y esa es la "diferencia" que hay entre nuestro cuerpo físico y nuestro espíritu: su nivel vibracional. A menor vibración, más denso; a mayor frecuencia, menos denso. O como bien dijo la Dra. Bailey, la energía es materia en su estado más denso; espíritu en su estado más sutil.

Cada cosa que se manifiesta en el mundo físico proyecta una imagen en función de su frecuencia vibratoria. Del mismo modo, cada ser humano proyecta su imagen particular, dado que su frecuencia vibratoria es única y personal en todos los cuerpos de su entidad (concretamente, una de las manifestaciones en el cuerpo físico de esta particularidad son las huellas dactilares, únicas por individuo entre miles de millones de humanos. Dato científico y altamente demostrado, perceptible incluso por el sentido de la vista y microscópicamente comprobado a través de los recursos informáticos).

Sumergiéndonos en los terrenos de la música, arte científico, matemático y, dentro de limitados parámetros dependientes de la frecuencia de su vibración, perceptible por el oído humano, habría que añadir que cada ser emite y/o contiene su propia nota pentagramática, siendo una de las características que le diferencia de otros seres. Además, dentro de esa nota musical, se establece otra diferencia existente entre cada uno de los cuerpos de nuestro ser, y es la "octava" en que se manifiesta; para lo cual, hay que tener en cuenta que los cuerpos más sutiles vibrarían en octavas más altas o agudas y los más densos lo harían en las más bajas o graves de la misma nota musical.

De ahí esos casos, que a todos nos habrán ocurrido alguna vez, cuando nos han presentado a alguien y sin haber mediado palabra alguna, percibimos si nos cae bien o mal, y esto es debido a que a través de nuestra percepción extrasensorial detectamos que su frecuencia vibratoria y la nuestra se repelen, no son compatibles. Igual ocurre con las personas que, en iguales circunstancias, nos caen bien. Y no hablemos de los conocidísimos casos de "flechazo" a primera vista. Todo esto está en relación directa con todas esas cosas que no vemos, como decíamos antes, pero que están ahí.

501: Proceso a la vida al límite de la existencia

La ciencia levantará acta fidedigna a su paso por cada uno de los rincones del Universo y en función del nivel evolutivo de la humanidad.

En definitiva, lo que ocurre es que la energía espiritual (que forma parte del Ser Supremo, Dios, Energía Vital, etc.) va disminuyendo su frecuencia o nivel de vibración a su paso por los diferentes cuerpos de nuestro ser, "condensándose" cada vez más hasta descender al estado físico o denso. Es decir, cada uno de nuestros cuerpos transforma la energía que recibe del nivel superior y la manifiesta en el inferior hasta llegar al nivel más denso al que llamamos materia.

A modo de ejemplo, imaginemos el cuerpo mental y el físico: "Si el mental condujera una corriente eléctrica de 220 voltios y el físico fuese una bombilla de 125 v., no podrían conectarse entre sí porque el nivel de vibración del -plano mental- haría que se quemara la bombilla, ya que no

501: Proceso a la vida al límite de la existencia

soportaría dicho voltaje o frecuencia. Pero situemos entre ambos al cuerpo astral e imaginémoslo como un transformador de corriente de 220 a 125v. Tendríamos entonces conectados a los cuerpos mental-astral-físico haciendo que se manifestara la luz en la bombilla gracias a la transformación y reducción vibratoria de la energía. Si en algún momento se produjera una "avería" en nuestro transformador "astral", posiblemente se produjera una ignición espontánea en el aspecto físico o más denso de este ejemplo".

Pues bien, centrándonos en el tema de este libro basado en el hecho real de una ECM (experiencia cercana a la muerte) y, como consecuencia de ello, un acceso directo a un estado alterado de consciencia, haremos un recorrido por distintas etapas de la existencia en esta vida y las conclusiones a las que se va llegando. Es un proceso a la vida en los límites de la existencia, cuando la vida y la "muerte" se dan la mano para realizar un trabajo en común: El Juicio.

501: Proceso a la vida al límite de la existencia

Tenemos que aprender a ser más conscientes de lo que somos y tratar de "ver" con claridad nuestra verdadera realidad y no a su imagen holográfica o virtual. Tenemos ante nosotros todo un Universo por descubrir que encontraremos dentro de nosotros mismos si somos constantes en nuestro quehacer y no desviamos nuestro esfuerzo del objetivo.

Debemos pensar más los planos superiores de nuestro ser y promocionar el desapego al materialismo, a la posesión y al consumismo que en nada facilitan la consecución de nuestros auténticos objetivos. ¡Ah! y si alguna vez necesitas a Dios, no hace falta que salgas a la calle en su busca, búscalo dentro de ti, ahí lo encontrarás.

Manuel D. Rubio Maeso en Úbeda a 21 de enero de 1.998

501: Proceso a la vida al límite de la existencia

1. EL INGRESO

501: Proceso a la vida al límite de la existencia

Al bajar por la escalera de casa, mi padre, mi hermano y yo, aquel día dos de enero de 1.997, cuando íbamos camino del Hospital "San Juan de la Cruz" de Úbeda, nadie podía sospechar que aquellos serían los primeros pasos hacia un viaje a lo más profundo del ser humano, rumbo a lo desconocido, hacia los límites de la existencia. Descendí hasta el portal ayudado y casi empujado a la vez por ellos, pues me resistía a que me llevaran allí en plenas vacaciones de Navidad. No me encontraba tan mal, sólo sentía, eso sí, una gran debilidad y falta de apetito, pero no consideraba que fuera una sintomatología como para acudir al Servicio de Urgencias de un Hospital. Pero, claro está, como vería más adelante, la situación no era tan leve como pensaba.

Era la situación a la que había llegado tras un largo y árido recorrido por la vida durante los últimos dieciocho años. Una inestabilidad laboral desde los 22 años en que me casé, dos hijos a los 23, insuficiencia económica, deterioro progresivo de la relación matrimonial, que finalmente desembocaría en divorcio, depresión progresiva y galopante, pérdida de unos 28 kg. durante los últimos 7 años y alguna cosa más que me haya dejado en el tintero..., llevan a cualquiera a situaciones tales como la que experimenté durante aquellas fechas.Los factores psicosomáticos generados en consecuencia pueden desequilibrar las funciones de nuestro organismo arrastrándonos a la enfermedad y, en su caso, a la muerte.

Una vez en la calle, nos dirigimos al aparcamiento en el que se encontraba el Seat Ibiza de mi hermano para trasladarnos al Servicio de Urgencias del Hospital. En repetidas ocasiones, volví a insistir en que era una tontería subir allí y, máxime, en esas fechas. Fue inútil, no me contestaron. Puso el coche en marcha y nos dirigimos al lugar previsto. El silencio era absoluto durante el trayecto. Ni una mirada, ni un gesto. Con la vista al frente y la mente en blanco, llegamos, entramos y, tras el consabido papeleo en el Servicio de Admisión, me invitaron a sentarme en una silla de ruedas que había en un frio y solitario pasillo que comunicaba la sala de espera, la consulta del médico, los bóxeres y el resto de la Institución.

Durante aquella silenciosa, fúnebre y larga espera, los tres permanecimos allí mirando en direcciones opuestas o paralelas. Si alguno giraba a un lado la cabeza, los otros dos hacían lo mismo, y si alguien cruzaba la mirada con otro, rectificaba rápidamente sus posiciones en direcciones que no se interfiriesen, esquivando a toda costa alguna situación que condujera al diálogo. En un par de ocasiones, me saludaron al pasar unos celadores y se interesaron con prisa por mi estado, ya que éramos conocidos por trabajar yo también en el Servicio Andaluz de Salud.

No sé cuánto tiempo pasó hasta que al fin fui visitado, explorado, interrogado, analizado y, por último, "encarcelado" en una sala reservada desde ese momento para mí: La habitación 501.

501: Proceso a la vida al límite de la existencia

Era deprimente, creo que también debido a las fechas, la sensación al subirte por el ascensor con tu silla de ruedas, tu celador, tus familiares, tu pijama azul, tu bote de suero y tu bolsa negra, de esas de la basura, con la ropa que traías puesta y que no sabes, como en la "Mili", cuando volverás a ponértela. Al salir del ascensor, la comitiva y yo avanzábamos a lo largo de aquellos fríos, solitarios y silenciosos pasillos. Y aunque a veces se escuchaba el eco lejano y estremecedor de algún portazo, del motor y los cables de los ascensores, el zumbido del aire al salir por las rejillas del circuito de la calefacción, el roce de las desengrasadas ruedas de la silla transportadora, el taconeo casi militar de los pasos de los acompañantes, la sensación de vacío era estremecedora.

No pensaba, me sentía como una cámara de video haciendo el recorrido y que captara la imagen, el sonido y el frio en su avance, sin prisa y sin demora, hacia su destino: Medicina Interna, leí en un cartel sobre la puerta de entrada a la planta. Poco

501: Proceso a la vida al límite de la existencia

después: Habitación 501. Fin de trayecto.

Una vez acomodado en aquella cama y acompañado por familiares que fueron llegando luego (mi madre, mi hermana y su marido), anocheció y se fueron dispersando hacia sus hogares. Mi cuñado haría la guardia la primera noche y yo sería el eje alrededor del cual irían rotando. A ellos me imagino que en nada les agradaría estar allí, pero yo sí sé que lo que quería era irme.

Como en cualquier escenario nuevo para el hombre, lo primero fue hacerme el croquis del lugar en el que me encontraba: Una cortina a la izquierda tras la que había un hombre mayor en la otra cama con síntomas como los míos: -insuficiencia hepática grave-, el suero, el teléfono y dos grifos para el oxígeno. Al frente, un televisor, un guardarropa y dos asientos para las visitas. A la derecha, la mesa para las comidas, el cuarto de baño y la puerta de salida al pasillo de la planta. De vez en cuando, alguien pasaba de un lado a otro pasando por delante de la puerta de la habitación y, al mirar, veía cruzar a alguna enfermera o celador. Sólo eso. No había televisión ese día pues aún no la habíamos alquilado. Así transcurría el tiempo, sólo se oían pasos, alguna cisterna en algún cuarto de aseo, alguien que a lo lejos tosía y el aire de la calefacción hasta que era desconectado.

Me sentía triste y solo, con una sensación de estar perdido o abandonado. A veces me preguntaba por qué la vida me trataba así. ¡Cuántas penalidades, desengaños, traiciones y desgracias me habían acontecido a lo largo de mi vida! Deprimido ya iba, pero aquella situación y el ambiente que me rodeaba eran idóneos para alimentar ese estado anímico. Recuerdo que, durante aquella larga noche, en varias ocasiones mojé mi cara con lágrimas y quedaba enmudecido a consecuencia de un "nudo en la garganta" que la situación me producía emocionalmente. No importaba, de todos modos, no tenía nada de qué hablar. Sólo observar, pensar, recordar, dormir por etapas o esperar. Ese era todo mi ámbito de actuación.

Poco a poco, el tiempo fue perdiendo su finalidad básica y, en consecuencia, la utilidad práctica que mantiene en nuestra vida cotidiana. Llega un momento en que deja de interesarte. Sólo a través de la observación de determinadas referencias, a veces sin darte cuenta, percibías si era de día o de noche. Utilizabas otros factores de orientación temporal como eran el desayuno a las 9 h., la comida a las 13 h., la merienda a las 17 h. o la cena a las 20 h. El médico a las 11h. y las visitas después de la merienda. No miré el reloj ni una sola vez durante el tiempo que permanecí allí ingresado. Con las referencias mencionadas era más que suficiente para saber la hora.

Una hora que para nada necesitaba conocer. A veces no sabía qué parte del día era hasta que escuchaba el chirriante sonido del carro de las comidas, descargaban la bandeja en mi mesita y, por el menú, la deducía.

Luego entraban las enfermeras a tomar muestras de sangre, temperatura, tensión arterial, a ponerte medicación oral o inyectable, electroencefalogramas, cambios de sábanas o pijama. Estas eran más molestas porque eran imprevisibles, no llevaban un horario rígido de actuación ya que dependían de las necesidades y estado del enfermo y, de ahí, su mayor o menor asiduidad.

También tenía su turno la limpiadora, esta era la que dejaba la habitación fría y húmeda a primeras horas de la mañana. El turno de las visitas era el peor, pues, aunque son de agradecer, eran las más molestas debido al ruido, las incesantes y típicas preguntas al enfermo: ¿Y cómo estás? Yo, uno por uno y debido a las pocas ganas que tenía de conversación, les iba diciendo: ¡Mejor! ¿Y qué te han dicho?: ¡Pues nada!

A estas expresiones reduje toda mi

comunicación con el exterior. Eran muchos: Familiares de primer grado, de otros grados, mis hijos, mi ex-esposa, ex-suegros, compañeros de estudios, de trabajo, mis Jefes y Subjefes, etc., tanto en presencia física como telefónicamente. Un desfile, repito, que se agradece de todo corazón, pero que se me hacía largo, duro y penoso de sobrellevar.

Mi estado clínico (deducía, ya que nadie me decía nada) al parecer iba empeorando. Llevaba, creo, dos o tres días ingresado cuando observé que tenía dos botes de suero con medicación inyectada en vez de uno. Esa mañana no podía levantarme y me oriné en la cama. Acto seguido me pusieron una desagradable sonda para la incontinencia urinaria. El asunto se complica, pensaba.

Pronto comencé a descubrir que mi situación clínica iba empeorando, pues comenzaron a hacerme una serie de pruebas que de sobra sabía, por mi profesión, que no eran rutinarias; como pueda ser una analítica general, temperatura, etc., eran ya pruebas específicas, bastante desagradables algunas, por cierto. Por deducción lógica, al igual que con el tiempo, me servía de referencia para ir valorando por mi cuenta mi estado, ya que mis referencias físicas no eran exactas ya que hacía tiempo que había perdido las coordenadas de referencia objetiva.

Enemas anales, según creo, para limpieza de los intestinos, bastantes molestos, por cierto, y provocaban que terminaras ensuciando la cama, situación que me avergonzaba profundamente. Una gastroscopia horrible, para la cual te hacían tragar un tubo por la garganta hasta llegar al estómago y por el que, a la vez, se introducía una pequeña cámara que emitía por un monitor de televisión, la imagen interna del mismo.

Una tarde me hicieron un escáner o TAC que, en sí, no es desagradable, pero lo fue porque había que hacerla en un Centro distinto al Hospital:

501: Proceso a la vida al límite de la existencia

Fuimos en ambulancia, llovía con mucha fuerza, yo iba en la camilla sujetándome un A. T. S./D. U. E. los dos botes de suero que me acompañaban a todas partes, aparcó la ambulancia a unos 30 m. de dicho centro, me llevaron en la camilla hasta allí lloviéndome en los brazos y en la cara, el frío que sentía era terrible y la espalda y brazos me daban retemblidos, me tumbaron en la metálica y "congelada" plancha de la máquina en cuestión, realizaron la prueba y regresamos, como no, a la habitación 501. No recuerdo el tiempo que tardé en entrar en calor, pero fuera el que fuese, se me hizo interminable. ¿Horas?

La Navidad transcurriría ya por el día de Reyes. Al parecer mi estado clínico había empeorado ya hasta límites preocupantes, pero objetivamente, yo me encontraba bien, no sentía ningún dolor, ningún tipo de molestias, sólo cansancio y emocionalmente hundido. A la vez que iba perdiendo interés por todo lo que ocurría en el exterior, dedicaba más tiempo a estar conmigo mismo. Cambié la hora de la siesta y la puse a la hora de las visitas, así evitaba que me hablaran demasiado y me hicieran las rutinarias y bien intencionadas, por su parte, preguntas de siempre. Ya lo había contado tantas veces y a tanta gente, tan mecánicamente, que opté por evitar la situación.

Paulatinamente fui perdiendo el horario marcado por mis referencias temporales. Ya había veces que me despertaban para cenar y otras que echaba la siesta después del desayuno. Había convertido un horario en cómodo para mi situación e "inquietudes", pero incomodísimo para los demás. Si no dormía de noche por haberlo hecho durante el día, tampoco lo hacía mi acompañante nocturno, de lo cual, aún en mi estado, era consciente y me sentía culpable, pues todos perdían su descanso por mí y, además, tenían sus obligaciones a la mañana siguiente.

Harto de estar encamado, intenté repetidas veces sentarme en el filo de la cama o ponerme de pie un rato para tensar los músculos de las piernas que los notaba cansados de estar tanto tiempo relajados, pero me lo impedían diciéndome que me había prohibido el médico moverme de la cama. Ante mi insistencia, terminaron por atarme los pies y el brazo derecho a los laterales de la cama. A veces, el otro brazo también. Es una experiencia desesperante que no le deseo a nadie. Inmovilización forzosa e impotencia derivada formaban un cóctel demasiado amargo.

En realidad, creía yo, que lo que intentaban era mantenerme despierto de día para que durmiera de noche, utilizando incluso medicación apropiada para sedarme (aunque, y yo lo sabía, muchas veces utilizaban agua destilada inyectada para producir el efecto deseado por inducción psicológica). En mi caso, este estímulo psicológicamente condicionado no conseguía su meta, pero yo no decía nada porque en realidad no quería que me sedaran. Fueron apareciendo otros síntomas externos como el color de mi rostro, según luego me dijeron, amarillo-verdoso, eccemas en las extremidades y hombros de color violáceo oscuro, pies hinchados, el hígado también, labios secos y agrietados hasta el punto de notar un ardiente escozor. Ya me daban de comer, pues no tenía fuerzas ni para sostener la cuchara. Me dolían todos los huesos de estar siempre en la misma posición sobre la cama.

Cuando preguntaba a algún familiar o al médico como iba evolucionando mi estado de salud, siempre me decían que "igual", pero en realidad yo percibía que el asunto iba a mucho peor por la afluencia de enfermeras, que cada vez era mayor. Había ocasiones que no paraban de entrar y salir una u otra. Ciertamente, en situaciones de este tipo uno desarrolla y fija su atención en una serie de detectores a través de los cuales vas deduciendo la evolución de tu enfermedad. Ya sea por la mayor o menor afluencia de personal sanitario, bien por el menú alimentario, por el número de botes de suero y la velocidad del goteo, por la cantidad de medicación oral (ya que la inyectable es más difícil de controlar por ser introducida en el bote del suero), por la asiduidad en las tomas de muestras de sangre, E.C.G., etc. y también por un factor muy importante que se capta del ambiente, y es la expresión de las caras de los familiares y del personal sanitario, así como el incremento del número de visitantes y las características de los mismos. Por ejemplo, no es igual que te visite un hermano que, como en mi caso, lo hagan hasta compañeros de estudios con los que terminé mis estudios hace veinte años y con los que ya no mantenía una relación constante, sino casual.

Cuando vi esto, supe que mi estado era peor de lo que hasta el momento había imaginado. Está claro que la mente no deja de trabajar incluso en las peores condiciones. Va descubriendo nuevos e inusitados sistemas de comunicación con el exterior y para la captación de los datos necesarios para obtener así la información deseada. Sistemas derivados de la ya que la comunicación oral dejé de utilizarla por varios motivos: Porque no me decían la verdad, porque no me interesaban las conversaciones y porque necesitaba dedicar todo mi tiempo disponible en el trabajo interior que venía desarrollando y más adelante veremos.

Transcurría ya el día 8 de enero, precisamente ese día recibí la visita de un amigo que me regaló tres Reyes Magos de chocolate que colocaron frente a mí, sobre el guardarropa. Me hizo muy feliz, fue mi único regalo ese año por Navidad.

Después de un profundo análisis sobre mi estado de salud, comencé a ser consciente de que me estaba despegando de la vida, tenía esa sensación de que te vas a otra parte. Lo notaba sobre todo cuando iban a verme mis hijos. Tenía la sensación de que ellos sentían lo mismo que yo, lo veía en sus caras. Los conozco muy bien y sus ojos expresaban lo que ocurría en su interior. Recuerdo que el mayor se ponía a mi izquierda y el menor a mi derecha. Me sentía bien. Era la visita que sí me hacía mucha ilusión y la esperaba a veces impacientemente, me preocupaba pensar que tal vez ese día no fueran a verme por algún motivo.

Me armaba de ánimo, conversaba con ellos, incluso hacía algún chiste sobre la marcha para intentar animarles, pero era inútil, sabían de sobra la gravedad de la situación y, aunque intentaban forzar algún tipo de sonrisa para agradarme, la expresión de sus rostros recuperaba rápidamente su aspecto anterior: Una mezcla de tristeza, desolación e impotencia ante la cruel y dura realidad que ante sus ojos y sus 17/16 años se estaba manifestando. También me llamó la atención la presencia de mi ex-esposa, sus padres y su hermano.

Recuerdo bien como lloraban los cuatro pues me aprecian mucho igual que yo a ellos, a pesar de que entre su hija y yo ocurriese lo que ya se sabe.

Miraba a mi ex-esposa, la sensación me agradaba. Ella estaba llorando, aunque se esforzaba mucho por no hacerlo. Me esquivaba la mirada y cuando insistía para verle los ojos, rápidamente se metía en el cuarto de baño. La oí sollozar. Sentí que, tras 7 años de divorcio, la seguía queriendo. Este sentimiento me alimentaba el alma. No sentía ningún tipo de rencor hacia ella, no había ningún pensamiento negativo. Fue una pena tener que tomar caminos diferentes. Mil y una vueltas le había dado a este asunto en mi cabeza durante los últimos años, era y es una situación que aún no he podido superar.

Las heridas siempre dejan cicatriz. Percibía, asimismo, los sentimientos de mis padres y hermanos. Sus caras de sufrimiento creo que tenían peor aspecto aún que la mía. Igual me ocurría con mis compañeros de trabajo y mis jefes con los que siempre había mantenido buena relación, no sólo laboral, sino también como amigos y compañeros. Por mi forma de ser, soy de esas personas que se hacen de querer, nunca tuve enemigos y soy recibido con una sonrisa allá por donde voy, de lo cual me siento orgulloso.

501: Proceso a la vida al límite de la existencia

Esa tarde estaban todos. La habitación estaba llena y también había más gente en el pasillo. Cantidad excesiva cuando, en condiciones normales, sólo permiten la entrada de visitantes de dos en dos. Según mis cálculos, serían alrededor de 25 personas, unos en la habitación, otros en el pasillo y el resto en la sala de espera de la planta.

Esto es serio, me dije. Aquí pasa algo fuera de lo normal. Estaba tranquilo, pero al mismo tiempo sabía que iba a morir. Lo tenía asimilado y aceptado, lo veía como algo normal: Simplemente voy a morir, como todo el mundo. Fue entonces cuando llegó un nuevo visitante, el cual no me impresionó en absoluto, como si lo estuviera esperando, era el sacerdote del Hospital: Se dirige hacia mí. Entrecruzo las manos y las coloco sobre el ombligo. Me mira fijamente y comienza la ceremonia de la extremaunción. Yo le miraba y prestaba atención. Comienza diciendo "en el nombre del Padre, del....Cierro los ojos y adopto una actitud de sumisión y respeto ante este acto sacramental: "...bueno, pensaba, he terminado aquí" Me sentía como en una despedida cuando te vas a ir de viaje para mucho tiempo o para siempre.

Sentía tranquilidad y sosiego, una especie de liberación. El sacerdote me tocó en la frente. Entreabrí los ojos y veía a mi familia, sus caras serias, oía sus conversaciones, pero no prestaba atención porque me parecían muy triviales y terrenales, como pertenecientes a un nivel que yo estaba dejando atrás para enfrentarme a ese gran enigma de la vida: La muerte. Me encontraba en otro nivel, un estado superior de consciencia que se despierta en este gran acontecimiento que se presentaba ante mí. Toda mi atención se concentraba en el acontecimiento y quedaba desconectado por completo del exterior, de todos los allí presentes.

Es la segunda parte ineludible e inevitable de nuestro nacimiento, de nuestra encarnación en este mundo. Un principio y un final con un periodo intermedio, pensaba, para aprender una lección y cumplir una tarea.

Aportar nuestro grano de arena en beneficio de la humanidad y de uno mismo. Estaba convencido de que de un momento a otro iba a morir. Sin embargo ¿cómo es que me encontraba perfectamente, sin ninguna molestia y con una agilidad y claridad mental que ya quisiera yo tenerla en la vida cotidiana? El tiempo era como si hubiera dejado de existir. Sólo se sucedían situaciones, pensamientos, incronometrables. Estaba sumergido en una experiencia que intentaré relatar seguidamente y que nunca olvidaré.

2. EL JUICIO

Llegó el momento del Juicio. Un estado en el que nosotros mismos, nuestra propia conciencia, ese ser superior que cada uno de nosotros llevamos dentro, es el Magistrado que nos va a poner en la balanza para juzgar el recorrido de nuestra vida aquí, Y digo aquí, porque no "morimos" de la forma que siempre hemos creído O nos imaginamos que será, sino que en esos momentos sientes un gran alivio, como una liberación, al dejar el cuerpo físico, ya deteriorado, a través del cual se ha estado manifestando tu espíritu en esta vida y así seguir avanzando hacia el siguiente peldaño de nuestra evolución, hacia la luz que al final del túnel nos "verá" nacer de nuevo en otro nivel más elevado de consciencia y evolución.

Se inicia el Juicio. Me encontraba ante mí mismo. Yo y mi ser interior en una especie de gran habitación frente a frente, cara a cara. Aquí no había engaños, ni evasivas, ni el "yo creía que... Era un proceso en el que me era imposible mentir, justificar u ocultar algo. Eres tú y tu consciencia frente a tu realidad. Lo cual, a su vez, era otra realidad.

Con una lucidez inimaginable, con todo detalle de las situaciones que se iban sucediendo, con una realidad virtual tal que podía revivir hasta el olor de cada escena, veo pasar desde la infancia más remota, conscientemente olvidada, inconscientemente gravada, hasta el momento presente, toda una sucesión de acontecimientos de mi vida, de las personas del entorno en el que me he ido desenvolviendo, de cada sensación positiva o negativa procedente de cada acto, con una clarísima distinción del bien y del mal que, desde lo más profundo de mi ser, me iba reproduciendo el estado anímico correspondiente a cada escena revivida.

"Veo" que nuestro ser interno, nuestra mente, nuestra actitud ante la vida, nuestra inteligencia, ...toda esa serie de características psicológicas, mentales, emocionales, que poseemos desde el momento de nuestro nacimiento (incluso antes), son idénticas a las del momento presente. Lo único que nos diferencia desde entonces hasta el presente es el conocimiento del entorno en el que tenemos que desenvolvernos para subsistir durante esta etapa y las técnicas desarrolladas a lo largo de los años para alcanzar esta y otras metas. El proceso de aprendizaje de este medio ya comenzó dentro de la madre, percibiendo y sintiendo todo tipo de vibraciones del exterior. Esta será una de las asignaturas que iremos aprendiendo a lo largo de nuestra existencia. Este proceso marcará un camino a seguir en función de las facultades puestas en juego y las influencias externas, ya que todo influye en nosotros y viceversa.

Pero nuestra otra parte existencial, la que ya traíamos innata dentro de nosotros mismos, es la misma durante toda la vida y será nuestro instrumento para el aprendizaje, para el conocimiento, para resolver las dificultades y encauzar nuestro camino y nuestro destino hacia la meta que tenemos que alcanzar. Instrumento que contiene nuestras armas de poder y nuestros recursos para dirigirnos a conquistar nuestra unión con el Ser Supremo, nuestro origen y nuestro objetivo evolutivo.

Sumido en mis pensamientos, a veces regresaba porque alguno de mis acompañantes me interrumpía para anunciarme la llegada de algún visitante de los menos habituales: ¡Manolo, Manolo!, ¡decían a la vez que me tocaban en un brazo o una pierna, despierta, ha venido fulano o mengano a verte! Abría los ojos, veía quien era y saludaba. Al irse, siempre les decía: ¡Muchas gracias por tu visita! Pero en realidad me molestaba (aunque por supuesto estoy muy agradecido por el interés que por mí se tomaban) porque interrumpían mi labor y tratabas de temas que para mí ya estaban fuera de lugar y carentes de interés en comparación con el trabajo interior que estaba llevando a cabo. Era el típico y loable ¿cómo estás?

501: Proceso a la vida al límite de la existencia

NO te destapes, ¡a ver si te vas a resfriar! Esta sí que me hacía gracia de verdad, pues yo me decía: Para empezar, en el estado que estoy no siento ni frío ni calor, ni hambre ni sed, no tengo necesidad física de nada, mi estado emocional va perfectamente y mi vida siento que se acaba... ¿qué importa si me resfrío ahora? Me reía interiormente. Veía a todos muy interesados por mí y preocupados. Tenía la impresión de que anímica, intelectual y espiritualmente era el que mejor se encontraba en aquella sala. Tal vez porque yo había asimilado y aceptado mi destino y ellos aún no. A veces, incluso decía algo gracioso, algo que en situaciones normales les hubiera hecho reír, pero lo cierto es que nadie lo hacía, no era el momento oportuno, la verdad sea dicha.

Cuando entraba alguna enfermera, también les decía alguna tontería. Recuerdo que en una ocasión había dos de ellas cambiándome las sábanas y el pijama, momentos antes había defecado sin darme tiempo a avisar a alguien para que me pusieran la cuña y les dije: "Vaya trabajazo que os estoy dando, ¿verdad?, seguro que si algún día me veis por la calle diréis: "Mira, ese es el cabrón que nos amargó el mes de enero". Ellas se reían. Quizás porque estarían pensando: ¡Que te crees tú que te vamos a ver por la calle, si de aquí no vas a salir vivo! Y pensando en esto, me reía yo también. Es cierto esto, a veces ocurre que cuando te enfrentas a la dura y cruel realidad, llega a hacerte gracia, y es porque te has identificado con el desapego a todo lo material.

Recuerdo también que en varias ocasiones durante estas interrupciones le decía a mi padre que tenía que ir al final del pasillo de la planta, a una gran habitación que tenía mucha luz en sus paredes, como si fuera toda de cristal, donde había una mesa blanca y abrir uno de los cajones que tenía una bolsa con algo que era para mí. La había visto varias veces. Insistía. Pero él se limitaba a decirme: "Si no te puedes levantar de la cama. Y, además, al final del pasillo no hay nada. No hay ninguna habitación como tú dices ni tampoco hay nada para ti. No digas más idioteces. Como que no, le contestaba, si yo he estado allí y lo he visto. Por qué no vamos los dos y lo comprobamos". Aunque yo hacía intentos de sentarme en la cama, no me dejaba. Me empujaba para tenderme y como normalmente seguía insistiendo, terminaba por entrar el A.T.S. y me ataban a la cama. Aun así, seguía insistiendo y le decía: "Bien, ve tu solo y lo compruebas, y verás que se encuentra un poco más allá de la sala donde está los decoradores (de esto hablaremos más adelante) y me contestaba: Pero de qué decoradores hablas, si aquí no hay decoradores por ningún sitio". También lo intenté cuando se quedaba mi madre o alguno de mis hermanos, pero ocurría lo mismo y al final terminaba, de nuevo, atado a la cama. Esto sí que era desesperante y duro, pero aun así les amenazaba diciéndoles que cualquier noche lo haría yo solo. Total, que cerraba los ojos y me adormiscaba intentando continuar con mi tarea interior, que era lo que realmente me importaba en esos momentos. Sentía que no podía perder tiempo ante la transcendencia del asunto. Mi tiempo se acababa.

En otras ocasiones no iniciaba ninguna conversación durante alguna de las interrupciones y hacía caso omiso de los presentes y me "sumergía" en mi tarea. Era algo que no podía explicarles en esos momentos, no lo entenderían y, aparte de perder el tiempo, me tomarían por loco. Así, de esta forma, me desconectaba del exterior.

Mientras conseguía alcanzar, en instantes, el estado de consciencia adecuado para continuar, les oía decir: "1Ya se ha dormido otra vez. Claro, si está como está el pobre... ¡Ya ves, dijo en una ocasión mi padre, dice que ahí al lado hay una habitación que la están arreglando unos decoradores...! En esos momentos, de nuevo, escuché que alguien lloraba.

Era tan distinto mi estado mental al que ellos pudieran imaginarse, que en aquellos momentos me hubiese gustado verlos alegres y contentos,

501: Proceso a la vida al límite de la existencia

rebosantes de amor y alegría, con una actitud positiva, como si fuese una despedida de soltero o cuando te licencias en el Servicio Militar. A lo sumo, unas lágrimas emotivas de alegría en una feliz y esperada, por ley de vida, despedida Ahora comprendía el sentido de los entierros típicos afroamericanos por las calles de Nueva Orleans con sus cánticos espirituales, su ritmo de blues y al estilo de Louis Armstrong. La muerte, me decía a mí mismo en esos momentos, es un paso al nivel siguiente de nuestro proyecto evolutivo. Lo comparaba, por ejemplo, con una boda, a través de la cual el soltero deja de serlo y pasa al nivel siguiente que es el de casado. Ahora comprendía que esta situación no era ni más ni menos que la acción de la Ley Universal de causa y efecto, por la cual todo lo que existe es consecuencia de su estado anterior y, a su vez, causa del siguiente.

Así comenzaba a sentir cada vez más lejana la presencia de mis acompañantes hasta desconectarme totalmente del exterior envuelto en mis pensamientos. Allí quedaban ellos y mi cuerpo físico. Yo me tenía que marchar a resolver mis asuntos pendientes. Cada vez pasaba más tiempo "fuera" de la sala, tal vez no lo filera en minutos, pero sí eran días de mi existencia en mis estado de consciencia. Era como si mi espíritu, mi mente y mi astral, un cuerpo igual en apariencia que el físico, pero menos denso, estuvieran haciendo las maletas en ese plano existencial y se prepararan para una mudanza ya iniciada. Tenemos la forma de un huevo luminoso, como la crisálida del gusano de seda en su metamorfosis. En las "maletas" echaba todo lo que iba a necesitar en el futuro, lo útil, los frutos recogidos durante mi recorrido en este plano de mi existencia y que aportaría para superar el examen de acceso al nivel siguiente. Hacía una limpieza de lo que era yo desprendiéndome de las impurezas que durante mi vida se me habían ido anexionando, las causas de mis errores, de mis defectos, etc. que caerán sobre el lado negativo de la balanza. Son facturas pendientes de pago, dolorosas de amortizar, difíciles de superar, a no ser que, a través de la comprensión y toma de consciencia en los momentos adecuados, fuese capaz de limpiar o impedir su aparición. Los alquimistas siempre han dicho que hay que buscar una de las vías de purificación para limpiarnos de impurezas y así conseguir la Gran Obra.

¡Cuánto tiempo perdemos a lo largo de los años por falta de consciencia! El pesimismo, los miedos, lo material, la falta de futuro en una sociedad consumista y basada en el poder en vez de por y para la humanidad, la falta de valores, la crisis de ideologías, ...A veces caemos en laberintos de los que nos es difícil salir, pasamos muchas veces por la misma calle, hacemos el mismo recorrido una y otra vez. Otras veces hacemos mal a alguien, y no siempre por lo que hayamos hecho, sino por lo que no hicimos en algún momento determinado, incluso afectando a las personas más queridas y cercanas a nosotros. En muchas ocasiones, seguro que hemos visto un cristal en un parque que tal vez alguien dejara con alguna intención maliciosa, y sin embargo también lo es verlo y no quitarlo sabiendo que quizás algún niño pueda accidentarse, incluido el tuyo o el mío. Los tentáculos del mal tratan siempre de introducirse por cualquiera de los resquicios de nuestro ser, están a la expectativa preparados para invadirnos si no estamos alerta y preparados para el combate con la única arma que tenemos para defendernos de ellos, la fuerza del amor, el camino del bien y como meta en mente, el bienestar y la armonía de las generaciones venideras en pro de la evolución positiva del ser humano. Evolucionamos en la misma medida que hemos ayudado a hacerlo a los demás. Es así como iniciamos y terminaremos nuestro recorrido existencial multidimensional a lo largo de nuestro recorrido a través del mundo de la materia.

Comprendía que no tenía motivos para estar triste o asustado, estaba preparado, había llegado el momento y era ineludible. Pensaba. Sentía que realmente no existía la muerte, yo sí. Después de la vida, me quedaba claro, había más vida. El proceso continuaba. Yo no rebuscaba en mi interior los episodios de mi vida que iban saliendo a escena, sino que iban apareciendo por sí solos y en orden cronológico. Episodios que ya ni recordaba y que me gustaba mucho volver a revivir, pues prácticamente era como si los estuviera viviendo de nuevo con la única diferencia de que conocía el final. Aunque hubo también un par de casos totalmente inéditos (o al menos así lo creo) y que no puedo situarlos en ningún pasaje de mi vida, como si hubieran ocurrido en el momento presente y de los que hablaré más adelante.

3. LA INFANCIA

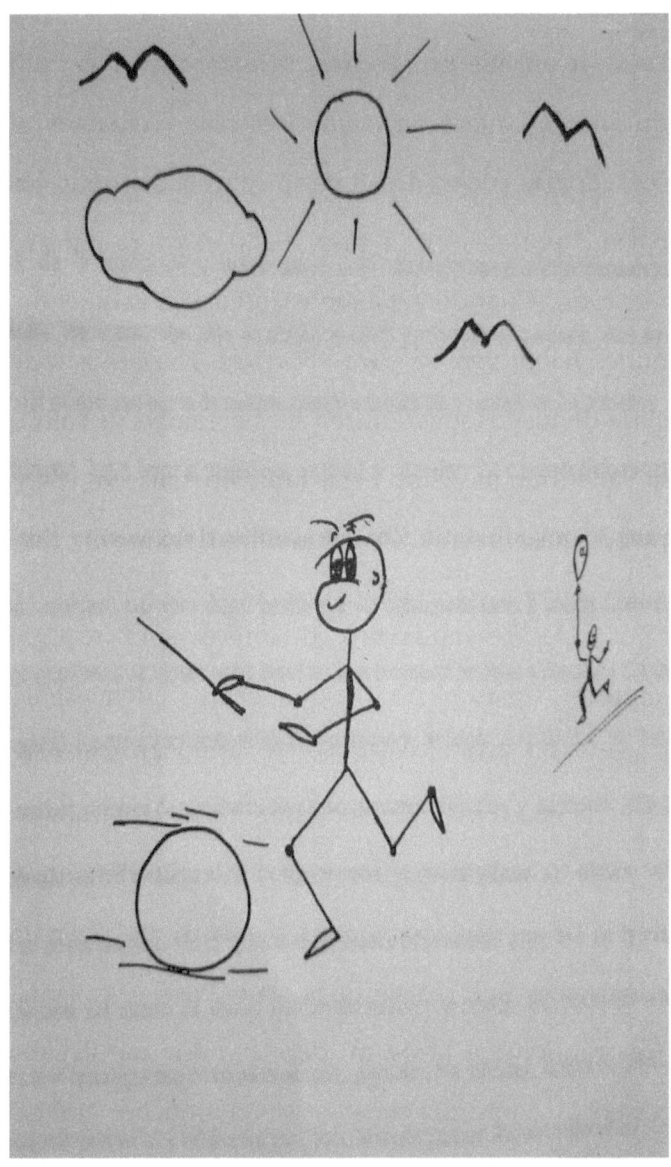

501: Proceso a la vida al límite de la existencia

Tuve una infancia feliz, rodeado de un ambiente acogedor y hogareño. En otra parte de la casa vivían mis tíos y cinco primos que vivían allí durante los meses del curso escolar. Teníamos el comedor, la cocina 4.y el patio común, así como los bajos y portales de la casa. Todo esto era nuestro territorio. Cuando estábamos todos era estupendo, nunca había tiempo para aburrirse. Hacíamos toda clase de juegos y aventuras sin necesidad de salir a la calle (aunque claro está, también salíamos, pero menos que el resto de los chiquillos del barrio).

De los episodios revividos sólo relataré algunos para no extenderme demasiado. Comenzaré por mi primera aventura en solitario. Ocurría en la casa de mis padres. Tres plantas: Bajos y patio, comedor-cocina y otros en la primera y dormitorios en la segunda. Me encontraba en la cuna, con sus barandillas laterales. Me senté. Agarrándome a la de mi derecha, que me llegaba hasta la cintura, conseguí con mucho trabajo ponerme de pie y mantenerme así, sin soltarla, durante un buen rato. Miraba al frente donde había un espejo en el que me estuve mirando, haciendo movimientos y guiños, lo cual me resultaba muy divertido y despertaba mi curiosidad. Al lado había una ventana.

Estaba entreabierto el postigo y entraba un haz de luz que podía diferenciar del resto del espacio como si fuera de una materia muy sutil. Con mucho esfuerzo, conseguí pasar al otro lado de la barandilla. Los pañales me estorbaban al pasarla a caballo y tuve que tenderme bocabajo sobre la misma para poder hacerlo. La cuna, menos mal, no se mecía, era fija y, poco a poco, conseguí llegar hasta el suelo. Salí de la habitación y me encontré ante unas enormes escaleras descendentes. Sentía miedo, me encontraba ante un obstáculo difícil y peligroso de traspasar. Aun siendo consciente del peligro que corría de caerme, cogido a la baranda y sentado en los peldaños, me deslicé lentamente hasta llegar al pasillo que conducía al comedor. Lo crucé parándome aquí y allá observando y tocando todo lo que llamaba mi atención durante el recorrido. Al pasar por el comedor, continué por otro largo pasillo que me conduciría hasta la cocina (claro está, que en esos momentos yo andaba como perdido, pues realmente no sabía a donde me dirigía ni a donde llegaría). Recorrí tranquilamente este largo trecho y, al llegar a la cocina, me asomé y vi a mi madre que estaba de espaldas frente a sus quehaceres culinarios y un enorme gato que andaba tumbado por allí tomando el sol (y digo enorme, ya que se supone que tomaba como referencia mi propio tamaño). Me dirigí hacia ella y, cuando estuve detrás suya, tiré de la lazada que tenía la cinta del mandil de cocina que llevaba puesto y se desató. Ella pensó que era el gato, pues se lo había desatado en varias ocasiones, jugando. No olvidaré la cara de sorpresa que puso cuando se revolvió y vio que era yo: "Pero Manolín (así me llamaban entonces) ¿Qué haces aquí, ¿cómo has bajado? Yo

501: Proceso a la vida al límite de la existencia

no dije nada, aún no sabía hablar, a lo sumo, alguna palabra suelta básica como papá, mamá. sí, no, "abua", y un poco de etc. s Me cogió con sus brazos, me levantó hasta su altura, me besó y, esa mañana la pasé distraído por allí. Y digo distraído, porque, para los mayores, yo habría estado jugando ese rato, pero, para mí, al igual que para todos los de mi edad, supongo, no era un juego, era investigar, observar, tocar, sentir, conocer el medio en el que me estaba desenvolviendo, analizar y sacar conclusiones sobre un mundo material y físico del que empezaba a tomar consciencia, pues las sensaciones del mundo emocional ya iban impresas genéticamente, las primerizas experiencias con el sentido del tacto (frío, calor, suave, áspero, color, olor, tocar los pelos del gato, el mandil de mi madre ...), la vista observadora siempre, la sensación de protección por los mayores.

501: Proceso a la vida al límite de la existencia

Me estaba enfrentando a lo desconocido. Era un contacto con el exterior con una nueva arma de poder: El movimiento libre e independiente dentro del entorno que me rodeaba. Utilísimo para el conocimiento de todo aquello que percibía y me rodeaba, un aprendizaje para el futuro, era alimentarlas armas mentales para tu propia seguridad y subsistencia, contando con el apoyo importantísimo del sentimiento de protección pa/maternal.

Estaba ya iniciando mi recorrido en mi nuevo nivel de consciencia. Sin embargo, ahora, sin darme cuenta de que el tiempo había transcurrido tanto y tan deprisa, me encontraba al final del mismo que iniciado antes de aquel día que estoy recordando y que ahora...Algunos meses después, tal vez un año, íbamos a ir la familia de excursión al nacimiento del Río Guadalquivir en la Sierra de Cazorla. Llevábamos mis hermanos y yo unos días impacientes ante la novedad que mi padre nos repetía a menudo.

Preparándonos para la "expedición", nos ponía bocabajo en su cama y nos enseñaba los movimientos de la natación. Era divertido e instructivo. Mi hermano y yo nadábamos sobre el colchón y, como el somier se balanceaba de amiba abajo, nos reíamos mucho.

Llegó el día. Fuimos en una furgoneta a un viaje que para mí fue el primero y, además, horrible. Mareado y vomitando todo el camino, no podía soportar el olor a combustible, llegamos por fin a nuestro destino. Estábamos todos en la orilla del río, sentados y desayunando (claro, yo no podía). Me levanté, me fui hacia el agua que era mi gran ilusión y además era para lo que había estado preparando a fondo los días anteriores en la cama, y me tiré. Me puse a realizar los movimientos ensayados y me hundí. Habría unos 30 cm. de profundidad por ese sitio, tal vez menos, pero eran muchos para mí. No podía salir a flote. Recuerdo que a intervalos levantaba un poco la cabeza y vi a mi padre que venía corriendo por el río salpicando el agua por todos lados. Me cogió, me sentó junto a mi madre y ya no me moví de su lado en todo el día. Era consciente de que mi padre me había salvado la vida, pero no pudo librarme del susto.

Aquel día aprendí algo sobre la densidad de la materia y era muy simple: Que la densidad del colchón era mayor que la del agua del río. El no tener en cuenta esta pequeña diferencia pudo costarme la vida. Estaba claro que la muerte viaja siempre junto a nosotros, nos acecha constantemente. Como decía el chamán D. Juan Matus, el guerrero debe estar preparado para morir en cualquier momento, ya que la muerte le está esperando a cada paso.

En otra ocasión había llegado la Navidad y el "Belén" y con varios días de anticipación se anunciaba por la casa la llegada de los Reyes Magos de Oriente y que nos dejarían regalos junto a nuestros zapatos. Había que portarse bien, nos decían mis padres a mis hermanos y a mí, los Reyes tenían Pajes que nos espiaban por las ventanas y los informaban de nuestro comportamiento, de los que eran buenos O malos. Los primeros recibirían regalos y los segundos carbón. Además, la noche antes había que sacarle mucho brillo a los zapatos para que se diferenciaran los que eran limpios de los que no. El condicionamiento psicológico que aquello me producía era fortísimo. No daba un paso sin pensar si era bueno o malo. Además, hacía un repaso de todo el año para ir autoevaluándome.

Por fin llegó la noche esperada. Todo estaba a punto. Los zapatos también. El estrés era fortísimo, no podría dormir pensando cómo habría sido mi comportamiento bajo su punto de vista. Al acostarme, le pregunté a mi padre que como me había portado y él, muy serio, me contestaba: "Ya veremos lo que dicen ellos". Me quedó un nudo en la garganta ante la duda que no podía ni hablar. Después le pregunté a mi madre: ¿Mamá, me he portado bien? Y ella contestaba con cara de complicidad, como para que no se enterara nadie: "Si, hijo mío, no te has portado mal, pero el año que viene tienes que ser mejor". Una gran alegría me invadió de repente que me subía como un hormigueo por todo el cuerpo, el corazón latía más deprisa y la respiración era más profunda y acelerada. Mi duda se disipó y recuperé toda mi esperanza.

A la mañana siguiente, rápidamente miré desde la cama y entre la oscuridad del dormitorio, podía entrever bultos junto al lugar de los zapatos de cosas que no estaban al acostarme: "Ya han llegado!" le dije en tono nervioso a mi hermano. Y locos de ilusión nos levantamos a ver los regalos. Era alucinante.

Ese día también aprendí algo. Había ilusión y fantasía. La vida era mágica. Pero al mismo tiempo, qué fácil es, ante lo desconocido, manipular la realidad y hacer sentir a los demás lo que queramos que sientan, pensar lo que queramos que piensen. Y en esto no importa la edad, sino el grado de conocimiento, el nivel de consciencia que cada persona tenga para distinguir la realidad de la ilusión. ¿Cuantas veces nos hacen esto a diario? La televisión, la prensa, la publicidad, los programas de educación, los grupos sociales, políticos, financieros, militares, etc., o aquellos que desde la sombra mueven los hilos de estos, de la actuación de los personajes que vemos, oímos o leemos. Con un guión exhaustivamente elaborado para que, como en el niño de aquel día o uno de los perros de Pavlov, se produzca el resultado psicológico previsto para unos determinados intereses.

¿Qué sería de nosotros si este poder cayera en manos de "los malos"? ¿Hacia dónde avanzaríamos sin saberlo? ¿Estamos realmente evolucionando o involucionando?

501: Proceso a la vida al límite de la existencia

No nos queda más que nuestro corazón, nuestro instinto, nuestro conocimiento, para distinguir una dirección de otra. El camino de la luz, de lo positivo, del esfuerzo desinteresado por la humanidad, como se tratara de un hijo, porque de hecho las generaciones futuras son nuestros hijos y se encontrarán lo que nosotros dejemos. Si no perdemos de vista todos estos aspectos, y alguno más, tal vez podamos distinguir, en el momento oportuno, la realidad, nuestra verdadera razón de existir y nuestro objetivo último.

Comencé la Escuela en el Colegio de las Hnas. Carmelitas de la Caridad de Úbeda. Párvulos. Bibliografía: El Parvulito, Enciclopedia primera y la segunda. Repaso de la tercera para ir al examen de ingreso a Bachillerato del Instituto de Enseñanza Media. Realicé tres cursos en dos años. Buena calificación y condecoración a final de curso. Incidencias: A los 5 años tuve mi primera insuficiencia hepática (luego vendrían otras a los 6,

501: Proceso a la vida al límite de la existencia

11, 20, 37 y 40). Primer desenlace enfático en mi contacto con el exterior distinto del familiar: Cierto día, a última hora de la mañana, me llamó la monja para preguntarme la historia de José, aquel que vendieron sus hermanos a unos mercaderes que se dirigían a Egipto, que en uno de sus sueños predijo los 7 años de vacas gordas que debería el Faraón saber administrar para guardar para los 7 de vacas flacas que se avecinaban, etc. Al preguntarme, aunque me la sabía, me quedé bloqueado, no podía hablar (problema que desde entonces he tenido, aunque en proceso de superación durante toda mi vida, en exámenes orales, hablar en público, etc.). La monja, muy enfadada, me hizo salir de la clase y me llevó a un cuarto, en el cual había una trampilla en el suelo que era la entrada aun largo sótano (los sótanos del colegio) conocido como el "cuarto de las ratas".

Me deslizó allí y me dijo que no iba a volver a mi casa y cerró la trampilla.

El mundo se me cayó encima. El miedo se apoderaba de mí, pero, casi instantáneamente, me puse a razonar. Lo primero que hice fue conocer el lugar. Anduve por el largo sótano hasta el final. Tenía unas ventanas con barrotes de aproximadamente un metro cuadrado que daban a la calle, a una altura de unos dos metros sobre mí y unos treinta centímetros sobre el nivel de la calle. Las paredes eran de piedra, estaban húmedas y la luz que entraba era muy escasa, casi una penumbra. En la clase se había comentado que había ratas.

Yo miraba en todas direcciones, hacia aquellos oscuros y tenebrosos rincones. De vez en cuando veía sombras en movimiento, aterrador; pero, antes de caer preso por el pánico, continué razonando y comprendí que el movimiento de las sombras se debía al paso de la gente por la calle. Hasta que llegué a esta conclusión me fue muy difícil mantener la calma y el control.

De pronto, escuché un gran alboroto. Era el ruido que los alumnos hacían al salir de clase. Iban todos a sus casas, pero yo permanecía allí. Esto me dolía más que el miedo que estaba pasando, pues era el sonido de la sentencia a la que había sido condenado. Todos se iban menos yo. ¿Y mis padres, qué pensarían, qué me ocurriría después, cuál sería la versión de Sor..."no debo decir", tomarían represalias contra mí?

Volví hasta el lugar en el que se encontraba la trampilla. Intentaba llegar hasta ella para poder levantarla, pero no alcanzaba, estaba demasiado alta. Di otro paseo por el interior del sótano y encontré algunas piedras del tamaño de un ladrillo esparcidas por allí. Las fui amontonando hasta que conseguí llegar con la cabeza a la altura de la trampilla. Empujando con ella, conseguí sacar las manos al suelo de la habitación, que ahora era mi techo y, arrastrando el pecho con la espalda desollada por el peso de la puerta, conseguí salir.

501: Proceso a la vida al límite de la existencia

Me faltaba la respiración y el corazón se me salía por la boca. Uf. ¡Qué alivio!, pensaba, por fin he salido de aquí.

Pero aún no había terminado la historia, ahora venía la segunda parte: "La fuga". Consistía en escapar de allí. Con mucho sigilo, me acerqué hasta la puerta de salida de la habitación, la entreabrí un poco. Observé. Tenía que atravesar el patio de columnas que me separaba de la puerta de la calle. Habría unos 30 metros. De pronto, a unos 8-10 metros, veo a la monja que me había encerrado dirigiéndose al lugar en el que yo me encontraba (tal vez era para sacarme de allí, pero claro, eso lo pienso ahora).

Tenía que tomar decisiones con suma rapidez, no quedaba tiempo. Si salía ahora, me vería; si me quedaba, me metería de nuevo en el sótano. "¿Qué hago?". Me quedaban escasos segundos para el momento clave y decisivo.

501: Proceso a la vida al límite de la existencia

Se encontraba la monja a punto de entrar en mi terreno. Me puse contra la pared, junto a la puerta. Al entrar, no se fijó en mí porque no esperaba que yo estuviera allí. Además, no había mucha luz. En el preciso instante en que ella pasó junto a mí, salí corriendo al patio en dirección a la puerta de la calle. Ella salió detrás de mí llamando a la portera y gritando: "Juana, Juana, que se escapa!". Juana se puso delante de la puerta de salida. Yo corría hacia ella, tenía que seguir adelante, ya no podía detenerme ni dar marcha atrás. Yo, lógicamente, era mucho más ágil que esta mujer ya de cierta edad, y cuando faltaba, así como un metro para llegar a ella, dí un par de quiebros, la esquivé y salí como una bala hasta el jardín de la entrada. Miré hacia atrás, y las dos me perseguían. Crucé la calle justo en el momento en que pasaba un coche, frenando y tocando el claxon. Di un salto y me deslicé bocabajo por el capó del mismo hasta caer al otro lado. Seguí corriendo y no paré hasta llegar a casa. Aquí nadie sabía nada. Qué tranquilidad sentí, qué seguridad y, a la vez, ese sentimiento de protección. Me quedé totalmente relajado en segundos. Comimos, pero a las tres había que estar de nuevo en el Colegio. El problema continuaba, me decía. No podía volver allí ya que me meterían de nuevo en el cuarto de las ratas, no podía ni quedarme ni decir nada en casa por temor a que mi padre regañara o pegara. Salí después de comer como si nada e hice novillos por primera vez.

Así estuve varios días. Llegó el sábado, día que nos llevábamos los "babis" a casa para llevarlos limpios el lunes. No podía ir sin él, se darían cuenta. Entonces me mentalicé de que tenía que correr un gran riesgo para recuperarlo, y así lo hice. El sábado a la una, cuando ya todos salían, aproveché el tumulto para entrar, cogerlo y salir. No sé cuánto tiempo tardaría, pero calculo que sería un auténtico récord de velocidad y eficacia. Además, tenía que ser el mío y no otro, no podía equivocarme. A la semana siguiente, ya les comunicaron a mis padres mi ausencia. Bajé con mi madre al Colegio, habló con la monja y quedó todo solucionado por fin.

Fue una experiencia dolorosa que nunca he olvidado. Es traumático a cualquier edad que lo priven a uno de su libertad, pero a esa edad es muy fuerte. Indefenso, asustado, sin motivo tal que justifique dicha medida "educativa", sin saber nadie donde me encontraba excepto mi carcelero, sin contacto con el exterior. Una de las conclusiones que de aquella experiencia obtuve, fue la comprensión y el conocimiento de la existencia del poder, un arma "invisible" que poseían algunas personas pertenecientes a una organización y que estaban autorizadas para ejercerlo. En la escuela o fuera de esta. La organización lo creaba y lo ejercía imponiéndolo a los demás, privándote de libertad, de seguridad en tí mismo, ...haciéndote seguir un camino previamente trazado hasta un fin concreto y sumiéndote por el miedo en vez de utilizar el camino de la comprensión. Ya tenía claro que la manipulación psicológica y el poder por la fuerza eran dos monstruos que me encontraría en más de una ocasión a lo largo de mi existencia, por lo que debería ir fabricándome las armas adecuadas para evitar o sobrevivir a sus ataques. Tenía que conseguir el conocimiento suficiente para, al igual que en una partida de ajedrez, saber cubrirte para que no te puedan dar jaque, y la inteligencia necesaria para no dejarte llevar o influir por falsas embestidas, que mediante una manipulación psicológica del ataque se provoque por descuido un debilitamiento de un flanco, produciéndose por ahí el ataque, que era lo que el adversario tenía previsto con anterioridad.

No intento con esto apoyar desde aquí la insumisión al poder. Sino que, y en mi opinión, el poder hay que apoyarlo siempre por medio de la comprensión de los motivos de su labor y las metas perseguidas. Conocer por comprensión y no por el dolor que el ejercicio del mismo pudiera producir. Por la fuerza del poder creo que no es el camino adecuado. Hay que evitar a toda costa, cualquier sistema de marketing, inducción o imposición que nos conduzcan por caminos tenebrosos, sin ver luz al final del camino, a quién sabe dónde O, incluso, a donde sabe quién. Pues los sistemas de poder, si por algún motivo pudieran ser adecuados y eficaces en un momento determinado de la historia, también podrían mantenerse ineficazmente por fanatismo, inercia o falta de nuevas ideas. Tal vez por eso pienso que nunca se debe perder de vista el verdadero objetivo de la humanidad como grupo, y del hombre como ser individual. ¿O acaso somos clones en la serie de una cadena de producción de algo, que claro está si este fuera el caso, desconoceríamos por completo su finalidad? ¿Y si fuésemos como animales de granja generadores de almas, de ADN o, simplemente, de alimento energético etéreo o de otra índole, de la cual no somos conscientes, de seres de un nivel de consciencia y dimensional superior al nuestro?

Tal vez la auténtica verdad no sea esta, eso espero. Por eso nunca dejo de pensar que el camino del conocimiento, dirigido a su objetivo concreto, es el único que, al final de los tiempos, nos sacará de dudas.

Cuando hice la Primera Comunión me ocurrió algo singular. Una vez finalizado el acto, era costumbre hacer una pequeña fiesta casera con los familiares más allegados. Fue un día divertido. Vestido de marinero. También era habitual recoger los donativos que te daban los familiares y las vecinas a las que te llevaban a visitar para que te vieran bien "trajeado" ese día tan especial. Recogí unas 700 pts., del año 1.963, que por aquellos tiempos era un dinerillo para un niño de mi edad. A los pocos días y, dado que coincidían con las fechas del DOMUND para ayudar a los "negritos", como se decía entonces, cogí todo mi dinero, lo llevé al colegio y se lo entregué a la monja encargada del asunto. Seguidamente, lo comunicaron a mis padres, pues se trataba de una cantidad bastante significativa y así lo creyeron oportuno. Todos de acuerdo de que no había ningún problema, el asunto quedó así. A final de curso, en la fiesta que se celebraba para la entrega de premios, ante todos los presentes, fui reclamado al escenario donde se me impuso una medalla de la Virgen del Carmen y puesto públicamente como un ejemplo admirable por la acción desinteresada que había llevado a cabo en favor de personas necesitadas. Me sentía lleno de gozo, no sólo por aquella emotiva recompensa, sino también, porque había aportado un pequeño grano de arena en pro de esa causa. Y, efectivamente, es así. El espíritu humano se alimenta de amor, de ayuda desinteresada a los demás, en beneficio de todos. Ese es nuestro camino. Y no olvidemos que el beneficio de todos también es para uno mismo. Todo influye y afecta a todo, para bien o para mal.

Así terminé mis estudios primarios en aquel Centro, en el que entré como un inteligente estudiante y "peligroso presidario" experto en fugas y salí por la puerta grande lleno de satisfacción por el deber cumplido, el honor de la admiración, la manifestación emotiva y complacida de mi espíritu en lo más profundo de mi ser, que fue mi recompensa.

El curso siguiente comenzaría el primer curso de Bachillerato en el Colegio Salesiano "Santo Domingo Savio". ¡Ten mucho cuidado, me decían, en ese Colegio pegan fuerte y a menudo! Aquel verano lo pasé bastante preocupado pensando en cómo irían desarrollándose los acontecimientos en ese nuevo escenario.

4. LA SALA DE LOS DECORADORES

501: Proceso a la vida al límite de la existencia

Me encontraba de nuevo en la habitación 501. Junto a mí, estaban mis hijos y, enfrente, mis padres y alguien más que no recuerdo ahora. Me estaban desatando e incorporándome en la cama para darme algo de cena. Observé el entorno, había un silencio total. A mi derecha, arriba, había un bote de suero y otro de sangre ya vacío que lo estaban quitando. Oía como un zumbido, pero no llegaba a detectar de qué se trataba. Miré hacia la izquierda y arriba vi otros dos botes de suero diferentes. Seguía el zumbido. Al cabo de un rato descubrí que tenía una mascarilla de oxígeno. Rápidamente me la quité, pero más rápido aún volvió a colocármela mi hermano. Así 3 o 4 veces, incluso llegó a ponerse un poco violento. Estaban todos muy serios y nerviosos. Inspiraba hondo y no me observaba ninguna dificultad respiratoria. Preguntaba, pero parecía ser que no se me entendía bien lo que hablaba.

Yo, sin embargo, me encontraba con la mente lúcida y clara y, en mi interior, las palabras me sonaban perfectamente. No me explicaba por qué ellos no me entendían. Después de repetirlo varias veces, conseguí que comprendieran que lo que preguntaba era el motivo de tener el oxígeno puesto y mi padre, también en un tono como de enfado, me dijo que era porque tenía una neuroencefalopatía y que me estaba entrando al cerebro más nitrógeno que oxígeno; además, me habían puesto también dos botes de sangre. A lo que yo insistía diciéndoles que me encontraba bien y que me quitaran el oxígeno, aunque fuera un rato, que era muy molesto. Ni caso.

Trajeron la cena, me pusieron la bandeja sobre las piernas y a mi hijo Femando, que estaba al lado, le dije que no encontraba la cuchara, que a ver si se había caído entre las sábanas y él me contestó:

"¿Papá, si está en la bandeja, no la ves?, espera que te demos nosotros de cenar que tú no puedes, se te va a caer todo y vas a poner la cama hecha un asco". Me volví hacia el otro, lo miré durante un rato y le dije: "Juanma, mira tu hermano, se cree que no puedo cenar solo". No dijo nada, sólo me miraba.

Sentía que se me pegaban los labios, como si hubiera estado mucho tiempo con ellos cerrados, sin mover la boca, como dormidos. Entre las encías tenía coágulos de sangre que me saqué al darme con la lengua. Me dieron 3 o 4 cucharadas de algo líquido, sopa o algo así, y ya no quise más. Le hice bajar la cama, quería estar tumbado, me dolían los huesos y los músculos de la espalda del esfuerzo de estar sentado, y eso que sólo llevaba unos minutos. Movía constantemente las piernas, me hacía sentirme bien, tal vez había estado mucho tiempo atado y tenía los músculos entumecidos. "¡No te muevas tanto!, me decían, tienes que estar en reposo porque si no, te tendrán que atar otra vez" Me daba pánico el hecho de pensar en la inmovilidad de volver a estar atado, le temía. Era por la fuerza, el poder de la Institución otra vez (me decía recordando la regresión a mi infancia). Era el mismo monstruo que siempre estaba al acecho, persiguiéndome para actuar al menor descuido.

Se marcharon mis hijos y entonces decidí volver a mis asuntos pendientes, a mis regresiones, que era lo que más me interesaba en estos momentos. Conforme me fui desconectando de la sala y los presentes, volví al otro lado y me encontré en la "Sala de los Decoradores", de la que ya mencioné algo anteriormente. Ya había estado allí un par de veces y realmente no me encontraba, de momento, en ningún lugar extraño. Esta vez iba a ser diferente. No era, que yo sepa, una situación que hubiese vivido con anterioridad en esta vida, ni tampoco fue un sueño.

501: Proceso a la vida al límite de la existencia

Era una habitación muy poco mayor que la mía. Estaba sentado en un sofá situado en la misma posición que en mi cama. La sala estaba lujosamente arreglada, al estilo de un Pub de alta sociedad. Había televisión, otros sofás con gente sentada, ambiente íntimo, sin ruidos, mesas bajas de tertulia típicas de la "hora del té", buena música ambiental de fondo. En fin, un ambiente selecto y tranquilo que invitaba al sosiego, a la meditación y al pensamiento profundo (o como se dice en mi tierra, "hondo", que se pronuncia "jondo" y explico por respeto a aquellas personas que desconozcan el dialecto andaluz, ya que no tengo constancia de la existencia de algún diccionario del mismo en el que se diferencie la forma escrita de su pronunciación).

A mi derecha, donde teóricamente debería estar la puerta de entrada de la habitación 501, había una entrada en forma de arco, sin puerta y, a unos tres metros, una especie de mostrador con reposabrazos de cuero negro muy ancho y espesado por goma-espuma apretada. La sensación de bienestar se "masticaba" en el ambiente. Debería haber un camarero elegantemente vestido tras él, o tal vez una camarera la verdad es que nunca vi allí a nadie, pero lo intuía. A la izquierda de mi sofá había otro de tres plazas y estaban dos hombres sentados en él, uno a cada lado y quedando la plaza del centro libre. Al principio me llamó la atención su gran parecido físico, como si fueran hermanos. Uno era alto y el otro por lo menos 30 cm. más bajo. No los miraba de frente, lo hacía discretamente con el "rabillo del ojo". Tenían sus cabezas casi rapadas, el color de su piel era como el nuestro, pero algo más anaranjado, algo que me llamaba la atención. Estaban inmóviles, no hablaban entre ellos, como si no se conocieran, lo cual me parecía imposible debido a sus características físicas. No dejaban de mirarme, lo hacían constante y fijamente, estaban en posición de perfil con respecto a mí y sus cabezas enfocadas a su derecha (mi izquierda) directamente a mis ojos. No estaban desnudos, pero tampoco vestidos, es algo que recuerdo perfectamente, pero no encuentro las palabras adecuadas para expresarlo.

El más alto, a veces, frotaba sus piernas con las palmas de sus manos, como si frese un masaje. Transcurrido un tiempo, se ponía de pie y sus piernas iban creciendo a la vez que continuaba la frotación. Cuando se detenía, sus piernas dejaban de crecer. Su cuerpo mantenía el mismo tamaño. Mientras tanto, ambos seguían mirándome, sin decir nada, con una expresión fría en sus caras, fija, vacía de todo mensaje por un lado e inquietante por otro.

Me sentía incómodo, tenso, hasta algo nervioso. Me molestaba tenerlos allí, a un par de metros y de esa forma tan rara y poco corriente. Dentro de mí luchaban la curiosidad, la intriga, la desconfianza y, por qué no decirlo, una especie de miedo ante lo que empezaba a considerar como desconocido. Poco a poco, me armé de valor y me dije: "Ahora voy a mirarlos yo, bruscamente y de frente, como hacen ellos. Los miraré fríamente y haré que dejen de mirarme o se vayan". Con temor y después de un buen rato pensándomelo, actué y, sorprendentemente, desaparecieron como esfumados, al instante (como cuando se apaga una bombilla, por ejemplo).

Ahora me encontraba muy bien allí, era como una sala de relax que tuviera el Hospital. Estaba mirando al frente cuando noté de nuevo la presencia de estos dos extraños personajes. Los observaba de reojo, sentados en el mismo sitio que antes y en la misma posición, observándome. No se comunicaban entre ellos, o al menos esa era la impresión que me daba. Había algo misterioso en ellos, además dos personas tan similares, que aparecían y desaparecían a la vez, que me observaban constantemente, etc., ¿No se iban a conocer, no iban a tener nada en común? Volví a sentirme inquieto. No sabía qué hacer. Además, me estaban limitando a mirar exclusivamente al frente, ya que a la derecha no quería mirar porque dicen que por ese lado viene la muerte y nunca debes mirarla ni tocarla. Total, que opté por recargarme de fuerza y de valor para volver a mirarlos de frente para que se fueran. Y así fue. Después, en sucesivas ocasiones, no era necesario que me armara de valor para hacerlo, simplemente miraba y desaparecían, así de fácil.

Ya me encontraba más tranquilo, la situación no se escapaba a mi control y no había peligro alguno. Volvieron a aparecer de nuevo y como ya estaba más seguro ante la situación, opté por no mirarlos de frente y dejarlos a su aire. El más alto volvió a hacer lo mismo. Se frotó las piernas hasta que lentamente fueron aumentando su longitud y él llegaba con las manos hasta el techo. Fue entonces cuando comenzó a "tejer" como una araña una especie de tela esponjosa que iba saliendo de sus manos. Era fina, similar al compuesto que llevan las serpentinas de espray, con aspecto húmedo y del mismo color anaranjado de su piel. Lo hacía con las manos del mismo modo que frotaba sus piernas, pero en el aire. Comenzó a cubrir el techo e iba descendiendo a la vez que avanzaba en dirección al lugar donde me encontraba.

Un poco aturdido por lo que estaba presenciando, volví a mirarlos fijamente y desaparecieron de nuevo ellos y la tela. Al rato volvieron de nuevo y, como me había asegurado de que mi "arma desintegradora" funcionaba, le dejaría más tiempo esta vez para intentar descubrir el misterio de todo esto y sus intenciones. En un principio llegué a pensar que eran unos decoradores que frían a hacer algo en la sala, pero en la medida en que iban avanzando los acontecimientos, el asunto no cuadraba, había alguna pieza que no encajaba en mi esquema de la situación.

Volvieron a hacer lo mismo y cuando la "tela" se encontraba a mi altura, a unos 60 o 70 cm. sobre mí, ya que venía tejiendo en sentido descendente, me dio la impresión de que iba a bajar más, como si filera a cubrirme o envolverme al igual que una crisálida. Sentí miedo, volví a mirarlos y al instante todo desapareció de nuevo.

Volvían a veces, pero ya no dejaba tejer al más alto, pues el otro no hacía nada, sólo observaba. Yo volvía a estar preocupado por el asunto de la "tela", no conseguía encontrarle sentido. En cierto momento, el bajito dijo algo que no entendí dirigiéndose a mí, lo observaba de reojo y pude ver que no había movido la boca, pero yo lo había oído. No hice caso al asunto, pero de momento los miré y se esfumaron.

Como la situación me estaba preocupando ya más de la cuenta, me acosté del lado izquierdo, mirando al sofá en el que aparecían siempre y ya no volvieron más. Yo tampoco volví a la sala de relax.

De pronto me encontré en una gran nave tipo industrial sobre una camilla sin ruedas, apoyada en el suelo. Yo estaba tumbado en ella. Había mucha gente. Al fondo había una especie de escenario y, momentos después, vi que subieron a él los "decoradores", sólo que en esta ocasión eran tres y tenían las piernas largas, lo que me hizo pensar que previamente se las habían frotado con su particular técnica.

Volví a sentirme mal. Estaba pegado a la camilla. Intentaba mover las piernas y la colchoneta parecía tener chicle. Apenas las levantaba un par de centímetros cuando se volvían a su posición inicial debido a la acción elástica de esa goma, estaba intranquilo y, a la vez, desesperado, con sensación de total impotencia.

A mi izquierda llegó y se sentó mi ex-mujer. Me agradó mucho, me dio como una sensación de seguridad, de agrado, de esa añoranza de un amor perdido y que nunca has podido olvidar. Sentada junto a mí, me rozaba con su brazo y sentía que mi corazón latía deprisa y que nunca nadie podría ocupar su lugar, por mucho daño que nos hubiéramos hecho. ¡Claro! me dije, si no la quisiera no se me podría romper el corazón de esta forma, no me importaría nada, no temería que en este momento se alejara de mí.

501: Proceso a la vida al límite de la existencia

No quería que se fuera. Me dijo que teníamos que irnos por la puerta de atrás, a lo que contesté que había quedado con un taxista amigo mío (de hecho, así había sido) para que me recogiera en la puerta de la derecha de aquella nave para llevarme después de aquello al Hospital antes de la hora en que se darían cuenta de que no estaba. Ella siguió insistiendo en su intención, pero yo no cedía, ...desconfiaba.

Después llegó un compañero que había trabajado como Celador en el S.A.S. de Linares cuando yo también estuve allí, se asomó por la puerta de la derecha y dijo: "Vamos, Mª José, vamos a sacarlo por esta puerta y nos lo llevamos "p' allá".

Me fui muy enfadado, porque nadie me dejaba decidir por mí mismo, no me dejaban ninguna iniciativa ni opción a manifestar mis deseos. ¿Porqué? ¡Habían dejado anulada toda mi capacidad de decisión y, por consiguiente, mi libertad!

501: Proceso a la vida al límite de la existencia

Instantes después, me encontraba, de nuevo en la habitación 501…

5. DE NUEVO EN LA "501": CONTINÚA EL PROCESO

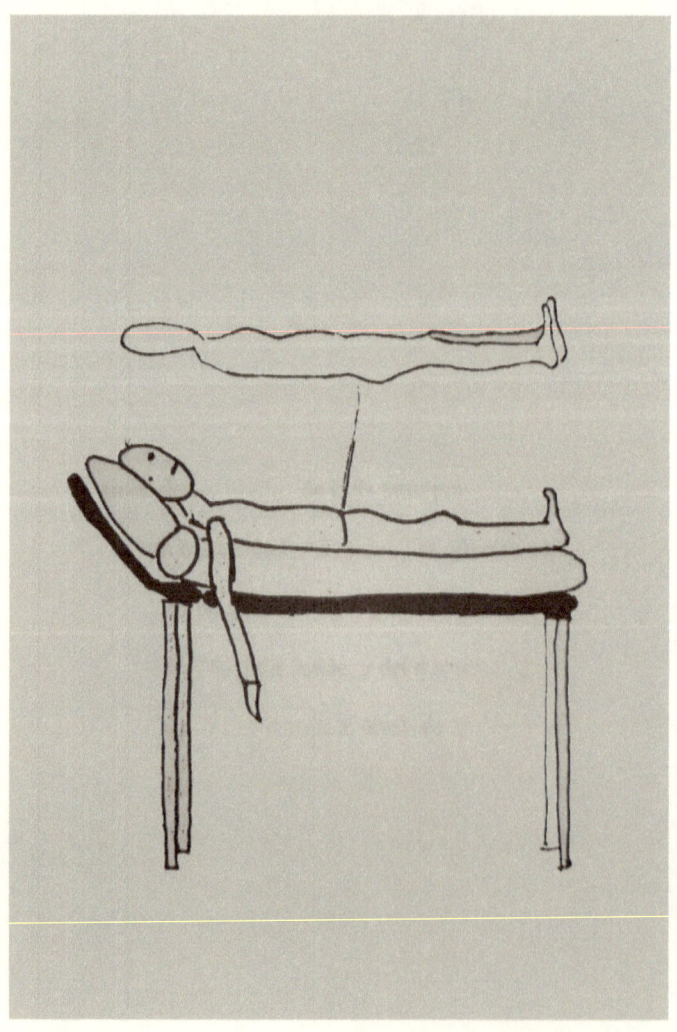

501: Proceso a la vida al límite de la existencia

Una vez más, comencé a "materializarme" en la habitación reservada para mí. Abro los ojos y veo a mucha gente. Tengo los labios pegados, no puedo hablar ni tampoco decir lo que me ocurre. Después de un buen rato, y haciendo un gran esfuerzo por la labor, consigo despegarlos, haciendo, recuerdo perfectamente, un sonido similar al que hace una botella de champagne cuando se destapa.

Yo no decía nada, ni me movía siquiera, sólo observaba. Al cabo de un rato, alguien me preguntó que como me encontraba, a lo cual respondí: "Mucho mejor!". Se miraban unos a otros haciendo muecas de lo contrario, pero yo, mental y espiritualmente, me sentía muy bien. Eso sí, físicamente no sentía nada.

Los visitantes comenzaron a irse y, esa noche, mi madre se quedó conmigo. La miraba y, en el fondo, me daba pena y me sentí muy triste porque sabía cuánto estaría sufriendo. Se leía en su rostro. Estaba mucho más delgada, su piel pálida, cansada de tanto y tanto sufrir, por esto, y por otras cosas más que la vida le ha ido poniendo en su ruta.

Miré hacia el ventanal en el que la lluvia hacía sonar sus cristales. Era una noche cerrada de invierno. Era una noche fría, triste, solitaria y silenciosa. Era una noche oscura del alma en la que la muerte era liberarse para poder vivir en paz. Era una noche sin futuro, con las consecuencias a las que se expone una presa fácil por el hecho de tener sentimientos y el corazón abierto, partido, destrozado, por haberlo entregado a ella. Era el precio a pagar por el descuido de no haberse protegido con tiempo a la traición, a la deslealtad, ..., al desamor. La vida, para mí, ya no tenía sentido ni objetivos, había fracasado y, por tanto, tiraba "la toalla". ¿... +/- $ ... %...?. mis hijos...?

Por aquellos pasillos no se oía a nada ni a nadie. Estuve mucho tiempo despierto, pensando. No tenía sueño. Mi madre tampoco se dormía y le dije a mi madre: "Duerme un poco y descansas". "No, déjalo", decía, "si no tengo sueño". Qué pena, pensaba, de sobra sabía que no dormiría mientras estuviera ingresado.

Poco después, se escuchó la puerta del pasillo de la planta seguido del chin-ido de las ruedas de una cama. Pasaron por delante de la puerta de mi habitación, que casi siempre estaba abierta. Lo subían de urgencias para ingresarlo: "¡Otro, le dije a mi madre, vaya plan!".

No sabía qué día era, sólo que después de Reyes, pues tenía frente a mí los que me habían regalado de chocolate. Le estuve insistiendo para que me diera un trozo para probarlo, pero ella se negaba porque parecía ser que tenía la glucosa por las nubes. Terminó por guardarlos para que no los viera y no suscitara en mí el deseo. Después comencé a convencerla para irnos de allí a casa, pero como era lógico, ella me decía que no. Yo, sin embargo, no paraba de insistir.

501: Proceso a la vida al límite de la existencia

El silencio, a la caída de aquella noche, era de esos que se mastican aliñados con la soledad y el vacío de encontrarme en una situación en la que el desapego a lo material, a lo terrenal, a lo que nos rodea en nuestra vida cotidiana, era total. Ya no necesitaba nada de aquí, de este lado de mi existencia. Ahora mi trabajo estaba en la otra parte, en otra realidad diferente, pero que no por eso deja de ser real, y donde mi estado de consciencia era diferente al que normalmente tenemos todos, o casi todos, y al que accedía con mucha facilidad. Si nadie me interrumpía al inicio del recorrido, prácticamente llegaba con tan sólo desearlo.

Las circunstancias eran idóneas en esos momentos, por lo que decidí volver de nuevo a mi labor. Cerré los ojos e hice un pequeño inventario de la cantidad de vivencias que me estaban regresando y notaba un gran interés por las relacionadas con la infancia, tal vez porque sean las de esa edad las que marquen con mayor énfasis la canalización y condicionamientos del resto de nuestro camino. De igual forma, cuando tenía algunas relacionadas con mis hijos, y eran también de especial consideración las más cercanas a su nacimiento.

El proceso a continuar. Allí me encontraba de nuevo, frente a mí, para continuar la tarea. Era como si hubiésemos tenido un descanso para desayunar como ocurre en las reuniones de trabajo.

Me puse de nuevo en actitud receptiva, de observador, esperando para ver qué viejos episodios de mi vida se iban a ir representando a continuación. Recuerdo también que, durante la escenificación, se iba tomando consciencia y nota de mi actuación en la misma en sentido jurídico, como si estuviera rellenando sobre la marcha un formulario de errores y aciertos, del grado de consciencia y responsabilidad ante los mismos. Era el corazón, mi parte emocional, quien me iba evaluando y manifestándose a través del nivel de satisfacción ante mis propias actuaciones.

Aquí no valían tapujos, ni trucos huidizos, ni intentos de escabullirse de las responsabilidades adquiridas por nuestros actos. Iba acumulando sucesivamente, almacenando, los estados de satisfacción o pesares desprendidos de cada paso por mi camino andado. La ley del premio o castigo que la naturaleza, la humanidad y tú mismo, te ofrecían como el fruto de tu cosecha. El estado anímico resultante de sumar los positivos y deducir los negativos, era el indicador del que dependería el resultado final del Juicio, y del que se sentaría la Sentencia en función de los objetivos alcanzados y determinando el nivel de consciencia aportado para nuestra evolución y del que dependerá nuestro próximo peldaño existencial.

6. LA CASA DEL MAGO

501: Proceso a la vida al límite de la existencia

Una vez reiniciado el proceso, comencé a vivir un nuevo capítulo que tampoco estaba relacionado con ninguna vivencia mía anterior.

Iba con mi madre por una calle. Me sentía muy bien, por fin nos habíamos ido del Hospital: "¡Ves mamá, así es mejor, ya sólo tenemos que encontrar el final!" le dije textualmente. Era una calle larga, estrecha, triste, semioscura, algo mojada. Al fondo, del otro lado de una esquina, salía luz. "¡Mira, allí es a donde tenemos que ir! Sí, me dijo, pero antes tenemos que llegar a un sitio". Entramos a una casa en la que había un pequeño portal y, a continuación, una habitación. Una mujer joven nos dijo que pasáramos. Entramos. A la izquierda había una cortina oscura como si fuera el telón de un escenario. A la derecha, un mostrador metálico, de aluminio quizás, y una pared a unos dos metros del mismo. Me dijeron que me sentara en la única silla que había entre ambos, quedando el mostrador y el telón a mi izquierda y la pared a mi derecha. Al final de la pared, había un pasillo que no sé a dónde llevaba.

Mi madre se fue por el pasillo con la mujer que nos había abierto la puerta y allí me quedé solo. Pasó mucho rato, no aparecía nadie, no se oía nada. Comencé a impacientarme. Me puse de pie para mirar lo que había por aquel lugar cuando apareció un hombre asomándose por el final del telón. Era alto, grueso, traje negro, camisa blanca, y no recuerdo bien si corbata o pajarita negra también, pero apostaría por la pajarita. Chapeado con una chistera negra, tal vez para no desentonar con el resto de su indumentaria, me recordaba el aspecto de Oliver Hardy en sus películas. Toda su vestimenta reflejaba un color negro brillante que, al identificarme con la sensación que me producía, me parecía un mago de "teatrillo" ambulante. Lo que más me llamaba la atención era su gran sonrisa. Fija., fría ..., casi artificial, como si estuviese plastificada. Eso sí, no dejaba de mirarme.

501: Proceso a la vida al límite de la existencia

Realmente, en esta situación, como en otras anteriores, no es que sintiera miedo, pero sí era esa especie de sensación que te pone en guardia ante una situación de alerta que puede poner en riesgo tu seguridad y control personal interior y que ante la cual necesitas prepararte y prevenirte a la espera de que ocurra en cualquier momento algún acontecimiento inesperado y tengas que actuar de una forma rápida y eficaz para la que anteriormente has estado "engrasando" tus armas de defensa ante un posible ataque de desconocido flanco, objetivo o procedimiento.

Miré al otro extremo del telón, como buscando un hueco, pues comenzaba a sentirme atrapado e inseguro. Instantáneamente, desapareció del lugar del telón en el que se encontraba y apareció en el otro extremo, justo en la que yo estaba mirando. Capté rápidamente el mensaje, lo que quería es que permaneciera sentado insinuando que las salidas las cubría él. Así lo hice, en el momento en que me senté de nuevo en la silla, desapareció por detrás del telón.

Entonces comencé a preocuparme por mi madre, ¿Dónde estaría? Más tarde apareció con un cubo y una fregona y se puso a limpiar por allí. Su cara expresaba tristeza y resignación ante una situación que no era de su agrado, como la de alguien que acepta conscientemente su castigo. ¡Le insistí en que teníamos que irnos de allí "ya! A lo cual me contestó que no podía ser. Se fue de nuevo por el pasillo del cual yo aún no sabía a dónde conducía, y de nuevo quedé solo en aquel desagradable lugar.

Poco después, comencé a escuchar ruido de personas al otro lado del telón. Me encontraba muy mal allí. Mi impaciencia aumentaba. Lo único que quería era salir de aquel lugar. Y como, precisamente, lo que parecía que me sobraba en estos momentos era tiempo, comencé a estudiar un plan de fuga. ¡No podía quedarme allí!

Seguidamente, recordé "mi" cuarto de las ratas de antaño y me dije que parecía ser que esto de estar atrapado era como un karma que me persiguiera a lo largo de toda la vida.

Luego, observando, comencé a hacer averiguaciones sobre el entorno y a estudiar las reacciones de su personaje principal, al que yo denominé "el mago", y tuve mis primeras referencias para ir iniciando la base del plan.

Lo primero importante que observé fue que mirando al telón y poniéndome de pie, aparecía el Mago por uno de sus dos lados, siempre con la misma expresión. Cuando volvía a mi lugar y me sentaba, volvía a desaparecer. Después comprobé un detalle que consideré importantísimo y era que cuando hacía esto y miraba al lado derecho del telón, aparecía por allí; y si lo hacía por el izquierdo, por este asomaba. También comprobé cuando lo tenía a la vista, que, si daba tímidamente un paso al frente, él también lo daba hacia mí, por lo cual de momento volvía a mi sitio.

Más tarde se me ocurrió una idea que de momento puse en práctica para comprobar los resultados. Me puse de pie mirando hacia un lado del telón por el cual apareció el Mago al instante. Sin sentarme, me giré al otro lado y apareció por allí, pero haciendo su recorrido por detrás del telón, como si se deslizara. Esto me dio la idea para poner en práctica mi plan de fuga, era mi única posibilidad. Observé en un par de pruebas que el tiempo que tardaba en cruzar de un lado al otro el telón era de unos tres segundos. Entonces, me armé de valor y me puse manos a la obra. Son momentos en que la adrenalina fluye por "litros". Me levanté y miré al lado izquierdo, que era el más cercano. Una vez el Mago allí, me giré al derecho. A partir de ese momento tenía tres segundos para saltar el mostrador y correr hacia la puerta de salida. Cuando el Mago apareció en el lado derecho del telón, yo me encontraba abriendo la puerta. Ya no tenía su típica sonrisa. Su cara se puso seria y de aspecto terrorífico, emitía odio y maldad. Salí corriendo a la calle y me dirigí hacia la esquina de donde procedía la luz.

Allí se encontraba mi madre y le pregunté que como había salido, a lo que me contestó que ella sí podía salir y que era sólo a mí a quién no se lo permitían.

Aparecí de nuevo en la habitación 501. Mi madre estaba allí, despierta, pendiente de mí. Al mirarla le dije: "Ha sido como la "Fuga de Logan" (título de una película que hacía años vi). Era una forma de intentar explicarle lo que me había ocurrido, ya que contarle la historia sería largo, además, no me haría caso, no lo entendería. Al oírme, me preguntó: "¿De qué fuga hablas?". Y contesté: "Pues de ..., bueno, nada, ...la de Logan. ¿No pensarás que te vas a ir de aquí, me decía, además adonde ibas a ir con los sueros, la sonda y cómo estás? Venga, duérmete y no digas más tonterías que vas a despertar a los de al lado. "¿Tonterías?, le dije, ya verás cómo me tengo que ir de aquí muy pronto".

Seguidamente, opté por callarme, la conversación había perdido su sentido para mí.

7. LA JUVENTUD

Después de un breve descanso, durante el cual cambiaron un bote de suero, me pusieron de nuevo el oxígeno (ya que al menor descuido me lo quitaba porque desde "mi punto de vista" era innecesario). La verdad sea dicha, es una situación desesperante, máxime cuando eres consciente de que no te hace falta para respirar, aunque en esos momentos uno desconoce otros factores por los que deba ser necesario. Lo que se hace más molesto, porque son horas constantes y sonantes, es ese zumbido del flujo del vil gas, algo parecido a un secador de pelo que te colocaras sobre la nariz y la boca; no es el aire el que te molesta, sino el ruido. Y para más I.N.R.I., estaba atado de dos pies y una mano en esos momentos. Y como dicen que en la variedad está el gusto, yo, para variar, conseguí que me ataran la otra también. Ya que, entre sigilosos murmullos entre orejeros, escuché que tenía intenciones de fugarme.

501: Proceso a la vida al límite de la existencia

Y tras pasar revista al estado de mi entorno, me encaminé a la "Sala de Audiencias" donde tenía que presentarme para continuar con el proceso pendiente. Cerré los ojos, me puse en posición cómoda e inicié el proceso de desconexión con el exterior. Una vez realizado, me encontré de nuevo en situación de continuar. (El recorrido por estas vivencias lo voy a generalizar a continuación).

Tuve una juventud feliz, activa, con mis estudios académicos y otros que, por despertar mi interés, investigaba por mi cuenta. Desde muy pequeño, siempre me sentí atraído por la filosofía, psicología, matemáticas, física, química, lingüística, biología, astronomía, geología, arqueología, medicinas alternativas y orientales, las grandes civilizaciones desaparecidas, el arte, la música, la fotografía, la familia, los amigos y las mujeres, eran mis asignaturas favoritas, si no me he olvidado de alguna. Siempre en plan amateur y por cuenta

501: Proceso a la vida al límite de la existencia

propia, por el hecho de satisfacer la curiosidad y, al mismo tiempo, aprender.

8. LA MÚSICA

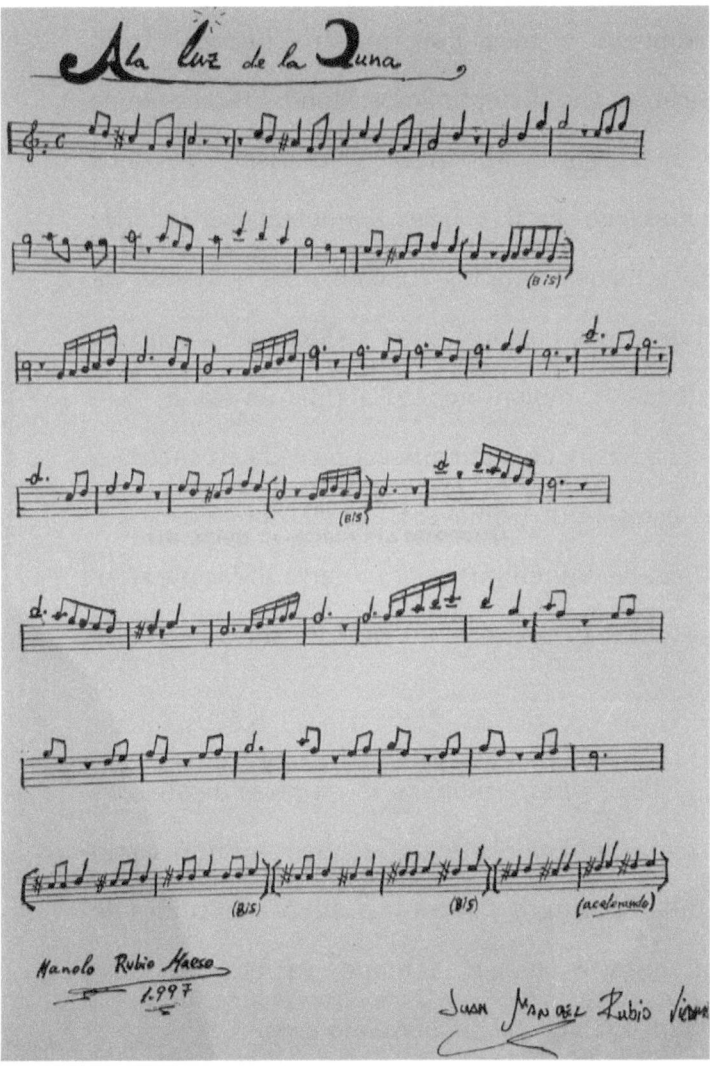

501: Proceso a la vida al límite de la existencia

Nos compramos, mi hermano y yo, nuestra primera guitarra a los once años. Muy pronto, tanto mi hermano como yo dominábamos bastante bien el instrumento y formamos nuestro primer grupo musical, al que denominamos Monfi. Durante unos tres años, entre mis trece y dieciséis, tuvimos bastante éxito local. Hacíamos nuestras actuaciones como artistas invitados en concursos y fiestas de final de curso, patronales, en casi todos los colegios de Úbeda. También hicimos alguna en Radio Jaén "Cadena Ser" y en alguna fiesta privada en chalets o en el campo por primavera. Aquello nos gustaba y nos llenaba, los amigos nos seguían a todas nuestras actuaciones y, por qué no decirlo, muchas chicas también.

Por distintos motivos, el grupo se disolvió en su faceta pública musical, ya que continuó como pandilla de amigos y aventuras, sin perder nunca de vista nuestra afición, aunque ya era en plan privado. Y, como eje, mi hermano y yo.

501: Proceso a la vida al límite de la existencia

Fue en 1.986 cuando ese verano decidimos formar otro grupo un poco más profesional para matar el gusanillo que, a quién le gusta una cosa, siempre le queda dentro. Nuestra idea era hacer alguna actuación ese verano por vacaciones (entiéndase laborales, que son más cortas). Se le puso el nombre de Trama de Contacto e hicimos alguna actuación en Pubs de verano, casetas Municipales de Feria, etc. Quedó finalista en el Festival Rock "Lagarto" de Jaén y se gravó, como premio un disco. El objetivo se cumplió.

En 1.989 el grupo se disolvió. Mi hermano y yo, cada vez más esporádicamente, hacemos un poco de música en algún ratito suelto para recargar ese hueco vacío que en cualquier amante de hacerla siempre queda. La música es como una droga o las máquinas tragaperras, crean adicción. A veces, cuando llevas mucho tiempo sin tocar y te desvelas alguna noche, pierdes el sueño y te la pasas tocando mentalmente algunos de tus temas preferidos, sean de los conocidos que más te agraden, de los que hayas compuesto alguna vez o componiendo. Creo que las personas a las que no les gusta ningún tipo de música, no tienen sentimientos. No han desarrollado su lado emocional del cerebro.

Son personas frías, calculadoras y con el corazón de piedra. Incapaces de perdonar o reconocer sus errores ante alguien. El odio, la envidia, el orgullo o reconocer el mérito de los demás les hace incapaces de amar. La música y el amor van unidos, juntos forman un arte. El duende de la música convierte en mágico el amor.

501: Proceso a la vida al límite de la existencia

9. LOS AMIGOS, LA QUÍMICA Y LA FOTOGRAFÍA

A los quince años, me llamó la atención la química y la fotografía. Monté primero el laboratorio de química en el que realizaba mis primeros experimentos. Después, me asocié con otro amigo, de nombre Antonio, que además de ser muy inteligente, estaba muy puesto en la materia. Lamentablemente murió a los 30 años víctima de la droga. Sentí mucho su pérdida, pues, aunque llevábamos más de 10 años desconectados cuando esto ocurrió, era de esas amistades que nunca mueren.

La amistad tiene un valor emocional importantísimo para mí. La lealtad, el compromiso, compartir, la ayuda, confiar, son valores humanos que alimentan a nuestro ser interior. La fuerza del grupo avanza en una misma dirección facilitando la tarea de todos y cada uno hacia un objetivo, apoyándose en esos valores que no desarrollaríamos de otra forma. La ayuda al más débil en determinados momentos es agradecida por uno y reconfortante para el otro. Aquí, ni se compra ni se vende, sólo se comparte, se da y se avanza. Esta es una forma de engrandecer nuestro espíritu. El embrujo de la lealtad, el honor frente al grupo, la complicidad de las intimidades, el compartir, hasta límites insospechados, crea el arte llamado amistad.

Al igual que en la música, este fue otro grupo que fue perdiendo sus nexos de unión a lo largo del tiempo. Matrimonios, destinos laborales, distanciamiento en las rutas individuales, etc. fueron rompiendo sus lazos hasta que se disolvió. El factor disgregador que más influyó en el asunto, y que tuvo resultados demoledores, la entrada en escena de nuevos personajes a los que por H o por B, no les interesaba que la unión perdurara.

Durante la sucesión de las vivencias de esta etapa de mi vida, revivía situaciones y momentos inolvidables, dentro de lo que fue una relación sana, con ganas de estudiar y aprender, de leer e investigar sobre el mundo y el espacio en el que nos encontrábamos y, eso sí, nos divertíamos. Aquellos inolvidables años que nunca jamás volverán. Aunque sí vendría una oscura golondrina de mi balcón su nido a colgar.

Y como dijo un inglés de cuyo nombre no me acuerdo, la felicidad de la infancia y la juventud forjarán la tristeza y el dolor del resto de tu vida. ¿Tendría razón? La felicidad es el anhelo de algo que se desea, pero una vez que se consigue, se sufre por él. Y, seguro estoy, de que no estaba equivocado.

A los 16 años monté mi laboratorio de fotografía utilizando una ampliadora que yo mismo fabriqué y reemplacé un año más tarde por una nueva que compré con lo que gané en Navidad trabajando en la recolección de la aceituna.

501: Proceso a la vida al límite de la existencia

Fue otra experiencia que me llenó mucho, no sólo por la fotografía en sí, sino también por todo lo que la rodeó en aquella etapa de mi vida. Investigué las técnicas de laboratorio: Revelado, montajes, trucos, etc., siempre limitado por las posibilidades de mi equipo técnico y mi avance personal. Dicho en términos de nuestros días, Yo:\copy autodidacta\libro\revistas.así-es laboratorio: lo que daba como resultado un trabajo, tal vez no destacable como profesional, pero sí como aficionado y satisfacción personal.

Profundicé en esta técnica, pero no sólo como una simple técnica de plasmar una imagen en un papel, sino que, para mí, la fotografía se convirtió en el arte en el que la química invita a bailar a la luz. Aquí, la luz juega un doble papel. No hay fotografía sin luz y, a la vez, es su peor enemigo, puede llegar a destruirla. El fotógrafo es el domador de la fiera; esta debe actuar cuando él se lo ordene y mantenerse en su sitio hasta que se le indique lo contrario. Es un doble juego a muerte con la energía que puede crear o destruir tu obra. Máxime, en las condiciones en las que yo trabajaba.

Es un medio con dos ámbitos de actuación:

- El Laboratorio: Cerrado, personal, oscuro, donde se utiliza la fase química del proceso, al margen de la luz, y la imaginación en la creación de montajes, buscando siempre la forma de sacarle mejor partido a lo que, de antemano, has forjado en el negativo.

- El mundo: Aquí es donde vas a plasmar la luz o la falta de ella en el negativo. Luz-óptica-celuloide junto a una serie de componentes químicos van a dejar grabada una imagen espacio-temporal determinada. Vas a materializar un mundo tridimensional en una reproducción bidimensional en un momento y un lugar determinados del Universo, utilizando la luz reflejada por los "objetos" enfocados y dentro del espectro visible del ojo humano, (lo que se denominaría fotografía del hombre de a pie).

Luz, tiempo, espacio y lo creado se unen en una misión común para que, a través de una lente óptica, se plasmen en una dimensión en la que el tiempo se detiene, deja de existir.

Pero había algo más que me atraía hacia esta técnica, y era como plasmar la realidad a través de esta ciencia y al mismo tiempo hacer de ella un arte. Estudiar el escenario, la situación de los personajes, distancia, posición y altura de la cámara, ángulo, diafragma, velocidad de obturación, enfoque, milímetros del objetivo, ASA O DIN, siempre en función de la cantidad de luz permisible, perspectiva y técnicas para crear en dos dimensiones la ilusión de la tercera. Tanto las técnicas del color como del blanco y negro forman un conjunto de elementos que se tienen que coordinar para conseguir el objetivo perseguido y previamente creado en tu imaginación.

10. SIERRA Y NATURALEZA

501: Proceso a la vida al límite de la existencia

Fueron muchas las acampadas en la Sierra de Cazorla y Segura por aquellos tiempos. Recuerdo con especial cariño la zona de Pontones, el nacimiento del río Segura, sus Fiestas con la verbena en la plaza del pueblo, las vaquillas, la acampada que hacíamos en la llamada chopera de Donato, sus noches sobre la hierba junto al río, los álamos y bajo las estrellas. En este pasaje de mi regresión, podía escuchar el ruido de la sierra en el silencio de la noche, el caudal del río, el salto de una trucha, el aleteo de las hojas de los álamos movidas por la brisa, el canto de los animales nocturnos, el vuelo de alguna ave o una guitarra al son de Bob Dylan, y el olor, ese aroma a sierra, a hierbas aromáticas y, allá en lo alto, la Luna y las estrellas.

A veces, en ese estado de sosiego, me interrumpía el reflejo de la civilización cuando, sobre las una de la madrugada, pasaba todas las noches un avión de pasajeros, creo, recordándome que no estábamos solos, que la civilización aún seguía allí, pues había veces que me olvidaba de su existencia creyendo que me encontraba en otro mundo. Y, de hecho, lo estaba.

Alguna vez nos cogió de noche alguna nube de verano. Son tremendas en la sierra. La fuerza y el ruido del agua parecía que iba a destruir las tiendas de campaña. El ruido de los truenos cuadrafónicos debido a los efectos del eco era estremecedor. Al aumentar el caudal del río, también lo hacía el volumen de esa orquesta majestuosa que te hacía sentir lo minúsculo e indefenso que estábamos ante su poder. Tomabas consciencia de lo pequeños que somos entre semejantes fuerzas.

Las experiencias vividas eran sanas y positivas. La amistad, el compañerismo, los sentimientos y las sensaciones nos reforzaban llenándonos de energía vital, de ilusión y de ganas de vivir. En esta ocasión, los gnomos de la sierra utilizaban su magia para alimentar nuestros espíritus.

501: Proceso a la vida al límite de la existencia

En un par de ocasiones fuimos a la cueva de "El Jabalí", situada entre Pontones y Santiago de la Espada. Una cueva con sus estalactitas y estalagmitas. Penetramos en su interior por una boca de aproximadamente un metro y medio de alto por dos de ancho. Una vez dentro, en pendiente descendente llegamos a un lugar donde no se puede seguir de frente, hay que ir por el lado izquierdo y, por supuesto, con linternas (nuevas, ya que la humedad del interior las descarga rápidamente). Seguimos penetrando y tomando fotos. Entre el más oscuro silencio, sólo se oía el goteo del agua sobre esas columnas de roca en constante crecimiento. Yo me sentía como un geólogo investigando todo aquello.

Llegamos a un punto donde ya no podíamos seguir y había una pequeña sala en la que sólo cabíamos dos personas en cuclillas. Una vez dentro, observamos que, en el suelo, en un rincón, había un agujero del tamaño de una caja de zapatos. Con un martillo, golpeé con la idea de agrandarlo y poder ver qué había abajo, pues alumbrando con la linterna no podíamos ver el fondo. Golpeando, se me cayó el martillo y sonó a los pocos segundos, calculé que podría tener unos seis metros de profundidad (por cierto, si alguien entra por allí y encuentra el martillo, que sepa que es un regalo de mi parte).

Una vez afuera, alrededor de la entrada, abrimos unas rocas de calcita cristalizada en agujas, preciosas y recorrimos sus alrededores donde hay gran cantidad de fósiles marinos: Estrellas de mar, caracolas, erizos, almejas y a saber de otros restos de pequeños animales o plantas que a simple vista no se puedan percibir. Todo aquello, hace mucho, mucho tiempo, estuvo bajo el mar. El pecho se me "inflaba" de satisfacción ante toda aquella grandeza, como mi instinto de investigación me hacía valorar todo lo que estaba ante mí. Identificarme con el pasado de esas tierras, como si todo aquello formara parte de mí, de nuestros antepasados y de un día en el que, en el mismo lugar donde yo estaba pisando, algún animal marino se acostó allí, observando a su alrededor los peces que por allí pululaban. Y, por qué no, tal vez se quedó mirando hacia arriba, hacia esa zona desde donde a él le llegaba la luz, extrañado y preguntándose qué habría más allá del agua, una zona prohibida para él de donde nadie había vuelto. Tal vez se conformó pensando que más allá no había nada y se deleitó ante el paso de alguna sirena.

11. LAS CLASES

501: Proceso a la vida al límite de la existencia

Terminé C.O.U. e iniciaría el curso siguiente mis estudios de Profesor de E.G.B. en la SA.FA. de Úbeda. Ese verano, comencé a dar clases particulares en mi casa, tanto académicas como de guitarra. Comencé con alumnos de mi curso que tenían que recuperar en septiembre asignaturas que dominaba bastante bien, como eran matemáticas, física, química y lengua. Era algo que me gustaba, no me costaba trabajo ni esfuerzo (y eso que no cobraba y, si lo hacía, era porque se empeñaba alguno/a en darme algo simbólico) y así lo mantuve hasta que me llevaron al Servicio Militar.

Ayudé a mi hermana en sus oposiciones para Magisterio cuando yo hacía primero. A mi padre y un par de amigos suyos, cuando las prepararon para la Seguridad Social, después de cerrar la fábrica de harinas en la que él trabajaba por aquellos tiempos, que fue concretamente, el año en que fue coronado como Rey de España, S.M. D. Juan Carlos I. Todos aprobaron.

501: Proceso a la vida al límite de la existencia

Luego, tuve una racha de un par de veranos en que sólo tenía alumnas, pero en pequeños grupos de dos o tres por curso (ya que, de lo contrario, no serían semi/particulares). Sin embargo, los de guitarra fueron todos hombres. Esto me gustaba y, a la vez, reforzaba mi interés por ser educador, que en realidad era para lo que estaba estudiando, ¿Mi futura profesión?. Me sentía bien transmitiendo conocimientos que tenía a quienes carecían de ellos. Siempre pensaba que el conocimiento no es patrimonio de nadie, no se tienen escrituras, no debe ser propiedad privada en beneficio de todos. Quienes vayan accediendo al conocimiento antes que otros, por las circunstancias que sean, tienen el deber humano y divino de transmitirlo a los demás en pro de la evolución de la humanidad. Y, como cualquier equipo que persigue una meta, tiene que reforzar las partes más débiles para que su unidad no se rompa. Es tarea de todos. La evolución de unos pocos sólo puede servir como avanzadilla al resto o incluso correr el riesgo de que el conocimiento adquirido por estos llegase a perderse. Ese esfuerzo no habría servido para nada.

El conocimiento es un tesoro que todos debemos custodiar.

¿De qué le serviría a un "Rey Midas" todo el oro del mundo en medio de una humanidad hambrienta y descalza? ¿Para qué mostrarlo a quienes no saben ni lo que es ni para qué sirve? Y de igual modo, ¿Una biblioteca? Por eso digo y mantengo que la evolución es conjunta, lo que a su vez conllevará su aspecto individual como en el reparto de un botín.

Y esto, como todo, también requiere su arte. Pues ante la obligación de enseñar al que no sabe, hay que saber levantar el interés por la necesidad de aprender. Conseguir ese equilibrio es fundamental y, el nivel de satisfacción, mutuo.

El profesor debe descender hasta el nivel del alumno. Una vez en la misma frecuencia vibratoria y, por simpatía, todo consiste en ir avanzando juntos hacia el objetivo marcado, haciendo ese recomido lo más cómodo y agradable, interesante y ameno posible, sin levantar la sensación de agobio. Así, la eficacia del método y el rendimiento del alumno, se multiplicarán. Es por esto por lo que este principio pierde sus propiedades en la docencia en grupo, dado que el trato no es tan personal y es muy difícil que el profesor unifique y conecte con la frecuencia vibratoria emotiva y mental de todos los alumnos del grupo.

Los sistemas de motivación varían de unas personas a otras y, de ahí, que se produzcan fracasos escolares de los que habitualmente se culpa al alumno y/o su entorno familiar. Y me pregunto yo: ¿Es que nunca influye negativamente en el alumno el entorno escolar? ¡Pues claro que sí, naturalmente! También comprendo que es imposible tener un profesor por alumno de la forma en que la enseñanza se encuentra en nuestros días, pero todo esto cambiará con el tiempo, muy pronto, pero gracias a nuevos medios de los que hasta hoy ni se dispone ni muchos puedan imaginarse. Por eso, la educación tiene el deber de evolucionar hacia nuevos sistemas que sean alternativos y complementarios durante este período de transición educacional. Es impensable que en este próximo tercer milenio de nuestra era sigamos utilizando sistemas docentes que sitúen la vida escolar años por detrás de la vida real. Tiene que ir a la cabeza ya que de ellos dependerá nuestro futuro y el de los que vengan detrás. Es el fruto, la herencia que dejaremos a la humanidad, y ellos, a su vez, a los siguientes.

Lo que no se puede tener, por poner un ejemplo, es una formación profesional como la que hay en nuestros días, en la que cuando los alumnos terminan sus estudios, las máquinas que han aprendido a manejar, ya no se utilizan, existen otras más avanzadas y que desconocen.

Tampoco es tarea exclusiva de los profesores, la educación es tarea de todos y para todos. Nunca se termina de aprender porque, a la vez que se avanza y consigues una meta, tienes que continuar porque desde ésta ves otras que están más allá, y así sucesivamente. Por eso, la educación no tiene edades, sino niveles.

Y resumiendo, quiero hacer hincapié en diferenciar estos dos métodos educativos actuales:

La educación personalizada implica el descenso del docente a la frecuencia vibratoria del discente con la intención de enseñar, lo que implica al alumno en el aprendizaje de un camino y el uso de unos recursos para la consecución de unos objetivos y un nivel de conocimiento. El premio, un grado de satisfacción determinado y en función de lo conseguido.

En la educación grupal, es el alumno el que tiene que hacer el esfuerzo para buscar y encontrar, si puede, el nivel vibratorio marcado por el profesor para ser instruido, lo cual implica superar estrictamente los controles indicativos previstos como único objetivo por parte del alumno (los exámenes) y tal vez también por el profesor. Aquí, el premio se reduce a la satisfacción de haber evitado el castigo. Creo que la diferencia entre ambos sistemas queda clara. En el segundo, el alumno corre el riesgo de limitarse a conseguir el premio del aprobado por evitar el castigo, superar los exámenes sería su único objetivo.

En el primero, también se quiere conseguir el premio, sólo que en este caso sería consecuencia del objetivo previsto en su ruta de aprendizaje, en la que incluso él mismo podría marcarse sus propios objetivos debido a que el interés que de esta forma se despierta le llevaría incluso a la toma de iniciativas. Por eso, y sin ánimo de hacer cátedra ni criticar a nadie, a veces observo cómo funcionan los colegios y lo comparo con lo que opinan los alumnos y me doy cuenta de que en esta arteria

501: Proceso a la vida al límite de la existencia

vital de nuestra sociedad hay muchos trombos que dificultan la normal circulación del conocimiento y que hay que tomar medidas para que estos no lleguen a producir anginas de pecho irreversibles.

Despertar los valores humanos del conocimiento es también una asignatura pendiente de nuestra actual sociedad. Nadie quiere saber nada de nada (con respeto y admiración a los que sí).

La mayoría tienen como último objetivo terminar una carrera con buena demanda laboral que facilite unos buenos ingresos económicos (hasta aquí, muy loable), pero el resto del valor del conocimiento adquirido: Por qué y para qué, el sentido humano-evolutivo de la existencia, de la ayuda y participación desinteresada hacia los demás y, ojo, los demás contigo, del objetivo último del ser humano, ... ¿Adónde queda? Qué pasa, ¿Que no es rentable, no da poder político O financiero, y, por tanto, no interesa? Por tanto y, en consecuencia, a este asunto se le da carpetazo y punto final.

501: Proceso a la vida al límite de la existencia

Tal vez, a principios del próximo milenio tras la tal vez posible bajada de la cotización de los valores de la Iglesia de Roma y el previsible impacto del Budismo y la sabiduría Oriental en incremento de sus valores, se recuperará positivamente en el tema educativo expuesto, legendarios sistemas educativos de viejos Maestros y sus "pequeños saltamontes" sistemas en los que el Maestro enciende una vela para que alumbre el camino que el discípulo deberá recorrer por sí mismo, haciéndose preguntas y buscando a la vez las respuestas. Aquí, la función del sabio maestro O guía consiste en enseñar al alumno la forma de aprender. El alumno, con su esfuerzo y su guía, buscará incluso con dolor las soluciones a sus enigmas. No importa el tiempo, no habrá un examen sobre sabiduría, sino que deberá hallarla para poder utilizarla cuando la necesite. De este modo, cuando algún día no tenga a su lado a su Maestro seguirá aprendiendo porque, no le introdujo datos, sino que le enseñó la forma de

501: Proceso a la vida al límite de la existencia

aprender. Y tal vez algún día, en un momento de dificultad, pensante y meditabundo en busca de alguna respuesta, el espíritu de su Maestro en su manifestación holográfica, le sonría y le invite a continuar aprendiendo y a no rendirse.

12. DEL AMOR...

501: Proceso a la vida al límite de la existencia

Hay quien dice, y es obvio para cualquier persona observadora tanto de los demás como de sí mismo, que enamorarse es como una enfermedad que tiene consecuencias psicosomáticas que pueden llegar incluso a ser peligrosas para la salud y la estabilidad emocional en determinadas situaciones.

En el aspecto físico, se producen cambios en el metabolismo y en las secreciones hormonales, en el ritmo cardíaco, respiratorio, aparato digestivo, etc. de origen psicosomático. En el aspecto psicológico, se producen alteraciones del comportamiento y del sueño. La mente, por medio de la imaginación, construye situaciones que llegan a traspasar los límites de la fantasía. En las conversaciones que se entablan, se hacen frases con unas palabras que en estado normal seríamos incapaces de pronunciar sin sentirnos ridículos. Y no digamos de las situaciones límite adversas en las que llega a producirse el rechazo, la ruptura O los celos, en las que se han llegado a alcanzar cotas como la depresión crónica, el auto abandono, el suicidio e, incluso, el asesinato.

Pero, como ya dije antes, cuando enfocamos nuestra felicidad y nuestra atención en lo que queremos conseguir, a veces ocurre que, al conseguirlo, se transforma en la causa de todos nuestros sufrimientos y/o desdichas. Muchas veces por temor a perderlo, otras por circunstancias que paulatinamente se van añadiendo a una relación inestable, otras por quién sabe por qué...y, al final, casi siempre vence el sufrimiento. Según dicen, en el Tarot, la carta no 6, que representa a los Enamorados, simboliza a la indecisión, "los" dos caminos a seguir y de los cuales hay que elegir uno. Pero lejos de intentar ser catastrofista y ver sólo el aspecto oscuro de la rueda del amor, tras mi regresión a estas vivencias de valor incalculable para mí y que de alguna manera fueron marcando la ruta de mi existencia, sólo prestaré aquí atención a la primera y a la última experiencia.

Tenía quince años cuando conocí a Rosa C., ella cumpliría catorce. Ya la había visto por la calle con su amiga en varias ocasiones. Cierto día, me encontraba en el Convento en el que murió San Juan de la Cruz, de los Hnos. Carmelitas de Úbeda. Fui a Misa con mi hermano y un primo mío y con intención de escuchar a un grupo de música que se llamaba "Camino de Santiago" que por aquellos tiempos hacían buena música, eran bastante profesionales. Era de aquellas primeras misas que se empezaron a oficiar así por aquellos finales de los años sesenta y primeros de los setenta.

Al cabo de un buen rato me di cuenta de que ella se encontraba allí. Nos mirábamos, pero a la vez esquivábamos las miradas. Sólo se cruzaban por entre el espacio que nos separaba. Me sentía nervioso, tímido ante la situación. En determinado momento, ella me cucó un ojo y de repente sentí que el corazón se me salía del pecho y un cosquilleante hormigueo me subía desde los pies a la cabeza pasando por la columna vertebral. Era inteligente, tierna, sensual, guapísima, de ojos oscuros, cabello moreno, liso y largo casi hasta la cintura. Su cuerpo perfecto e incluso su forma de andar me sacaba de mis casillas. Un poco después, yo también le cuqué un ojo a costa de un esfuerzo mental incalculable debido a las circunstancias, mis sentimientos y la edad. La miraba y sentía que era la mujer ideal para mí, era lo que siempre había soñado, era el amor y la mujer de mi vida.

Terminó la misa, que por cierto para mí aquel día tan solo me duró un minuto y salimos. Ella y su amiga comenzaron a caminar por la calle de enfrente a la puerta principal. Mi hermano y mi primo querían que fuéramos al salón de billar y futbolines que íbamos algunos domingos, pero me empeñé en seguirlas y, si ellos no querían, seguiría yo solo. Manteníamos tras ellas una distancia

501: Proceso a la vida al límite de la existencia

aproximada de unos diez o quince metros. De vez en cuando, ella me miraba, yo hacía lo mismo, nos volvíamos a cucar el ojo con ese aire de complicidad y, qué bonito es, de cómo sin conocerte, sin haber mediado palabra alguna nunca, te sientes conectado en sensaciones de amor inolvidables, tan tiernas como en duras pudieran transformarse después, pero no vamos a adelantarnos al futuro, dejemos las cosas recorrer el camino iniciado. Observaba como, entre mirada y mirada entrecruzada, se reía con su amiga entre secretos que nunca cuentan cuando preguntas a una mujer. A veces me he contestado que tal vez no era nada. Pero lo que sí era verdad es que la curiosidad me recomía, estaba nervioso ante una situación difícil de prever sus resultados, juegas con la duda y, a estos años, con la ignorancia. Yo me preguntaba, ¿Y qué estarán diciendo? ¿De qué se ríen? ¿Será que estoy haciendo el ridículo O todo lo contrario? ¡Qué duda tan fuerte en esos instantes de tu existencia en los que realmente te juegas un triunfo o una derrota! Insistía. Ante esa terrible decisión en la que, quieras que no, uno se juega su honor ante la posibilidad de alcanzar lo que en esos momentos tus sentimientos te dictan, pero que a la vez luchas con la razón, en un duelo en el que, a mí, personalmente y hasta hace muy poco, la razón ha caído ante la fuerza del corazón, comencé a plantearme qué le diría si pudiera hablar con ella, si encontraría las palabras adecuadas o me quedaría "cortado" sin saber qué decir. Era mi primera experiencia fuerte en estas "difíciles" circunstancias.

Seguíamos por aquel lento recorrido, desde mis coordenadas temporales de referencia, hacia un final impredecible. Poco después, en un par de ocasiones, se pararon. Yo hice lo mismo por cortedad, no era capaz de seguir adelante porque no sabría lo que hacer ni qué decir. A la vez me preguntaba ¿qué dirán los demás en estos casos?

Así fui todo el camino tras ella hasta llegar a un paseo ajardinado que en Úbeda se llama "La Cava". Una vez allí y tras darle muchas vueltas a la cabeza y al objetivo de mis deseos y sentimientos, me fui acercando poco a poco hacia ella y, cuando estuve a su lado, le pregunté su nombre. Me miró fijamente a los ojos y, con sus preciosos labios de los cuales nunca podré olvidarme, me contestó: ¿Rosa Conchi, y tú? Yo, Manolo.

Así fue como establecimos nuestro primer contacto oral y el inicio de un gran amor. Recuerdo que fabriqué con navajilla y papel de lija un corazón de madera con nuestras iniciales y la flecha de Cupido. Después la barnicé y le puse un cordón de cuero para colgársela. Se lo regalé y le hizo mucha ilusión.

Cierto día, a finales de aquel verano, fuimos al cine. Nos sentamos en una de las últimas filas. Creo que ni siguiera en mi subconsciente hay huellas del título o del argumento de aquella película, pues no miré a la pantalla en toda la noche. Sólo la miraba a ella y por primera vez nos cogimos de la mano tras un largo y nerviosísimo espacio de tiempo jugando con los dedos meñiques de ambos. Pequeños roces cada vez más cercanos, fueron el interminable preámbulo de este proceso. Fue una sensación inolvidable e irrepetible, pues fue de esos estados inexperimentados que sólo suceden una vez en la vida, y en mi caso, ocurrió en aquella primera vez.

Nuestros ojos se hablaban, transmitían cada sentimiento elevando cada vez más nuestro estado emocional. Nuestras manos, fundidas, transmitían los latidos de nuestros corazones rebosantes de amor. No momentos en los que no es necesario demostrar científicamente la existencia de la percepción extrasensorial o la telepatía existen. La comunicación se establece, es real.

Nos mirábamos. Lentamente fuimos acercando nuestras caras, nuestras manos se apretaron. Por el espacio flotaba el aroma, se iluminaba mi corazón con el brillo de sus ojos... nos besamos. La ternura de sus labios, la suavidad de su pelo, el calor de su cara, su agilizada respiración, el acelerado palpitar de nuestros corazones, los dilatados poros de su piel, invadidos por la pasión y el amor, convirtieron esos instantes en algo que nunca podré olvidar. Una experiencia irrepetible en su intensidad. ¡Esto es el amor!, me decía a mí mismo. Llenos de felicidad, nos mantuvimos así hasta que encendieron las luces al final de la película. ¡Qué desilusión, la película había terminado!

El paso que habíamos dado fue todo un éxito. Nos veíamos todos los días, charlábamos y hacíamos nuestras cositas. Un día que estuvimos en la piscina, ella se fracturó una pierna y fue muy triste porque, además del infortunio, nos costó quince días sin poder estar juntos. Ahora, eso sí, ella estaba por las tardes en el cierre de su casa y yo pasaba por allí decenas de veces para vernos y comunicarnos por señas. Poco después, nos regalamos unos anillos de plata y hacíamos nuestros planes para el futuro. Pero, entonces, ocurrió algo terrible. Su padre consiguió un trabajo en Madrid y se trasladó allí con toda la familia. Nos escribíamos todas las semanas. No teníamos posibilidades de vernos ni teníamos teléfono por entonces. Éramos muy jóvenes y, paulatinamente, las cartas se fueron distanciando en el tiempo hasta que un día recibí la última y decía así:

"Manolo, amor mío; Hace días que vengo llorando porque sé que lo que te voy a decir te va a hacer mucho daño. No es que no te quiera, pero en nuestra situación no es posible continuar. Tenemos que dejarlo, es lo mejor para los dos. Sé que ahora no lo vas a entender y que vas a sufrir mucho, yo también, pero tú estás allí y yo aquí, somos muy jóvenes y tenemos toda la vida por delante. Tú tienes derecho a hacer tu vida y yo también. Ya verás cómo pronto conocerás a otra, la querrás tanto como a mí o más y me olvidarás. Yo intentaré hacer lo mismo. No quiero que me guardes rencor. Siempre te tendré en un trocito de mi corazón."

Un beso R.C.R.S.

Cuando terminé de leerla, como ahora, mis lágrimas mancharon la carta que guardé muchos años. No podía entenderlo ni aceptarlo. Lo cierto es que así ocurrió. Tal vez fuera lo mejor o, tal vez, no. Pero sí se equivocó en un párrafo de su carta que decía: "...y me olvidarás" Hoy, veinticinco años después, inmerso en el regreso de aquel recuerdo que aún me hace enmudecer, tengo que decir que nunca la olvidaré. Como dice cierta canción, la distancia es el olvido, pero la añoranza es inmortal.

He ahí el doble filo del arma del amor que te puede hacer pasar de la felicidad más absoluta al dolor más profundo y eterno en un solo instante. La felicidad, fruto de aquel amor, en manos del alquimista, se transmutó en dolor para siempre. Nunca volví a saber nada de ella.

501: Proceso a la vida al límite de la existencia

Sin darme cuenta, otra vez me encontraba en la habitación 501 del Hospital "San Juan de la Cruz". Me estaban llamando, no sé ni por ni para qué, posiblemente para ver si reaccionaba, si seguía vivo. Con los ojos entornados, miré a mi alrededor sin mover la cabeza. En realidad, no enfoqué mi atención para ver quien había, era un simple vuelo de reconocimiento a la situación que en esos momentos me envolvía y que, al cambiar el eje de las coordenadas de mi referencia, había momentos en que esta situación era la que más se parecía a un sueño, pues volvía de mi realidad. Con los labios pegados. ¡Uf, qué suerte!, pensaba, ¡Me han desatado!, lo cual quería decir que no me movía ni intentaba levantarme para nada. ¿Bueno o malo?, pensé sobre la marcha sin darle más importancia que la que obviamente tenía.

Volví a cerrar los ojos re memorizando lo anterior, algo que, en aquellos momentos tan inertes, me hacía vibrar emocionalmente, incluso es

501: Proceso a la vida al límite de la existencia

mi estado físico, que en nada tenía que ver con el resto de mi ser. Fue entonces cuando me fijé en algo que hasta ahora no le había prestado la suficiente o ninguna atención: La Iglesia, el Instituto donde realicé mis estudios de COU, los jardines del mismo donde iba con ella, el Hospital en el que me encontraba y algo más de lo que ahora no quiero ni acordarme, llevaban todos los nombres de San Juan de la Cruz, recuerdo también su estatua en la plaza 10 de mayo y la que hay en el Museo del Convento, sentado frente a su mesa escribiendo sus poemas. Entonces me vino a la cabeza un párrafo de uno de sus poemas denominado "Coplas del alma que pena por ver a Dios" en el que dijo:

"Vivo sin vivir en mí, y de tal manera
espero, que muero porque no muero.
(y sigue...) Esta vida que yo vivo es privación de vivir, y así es continuo morir. Oye, mi Dios, lo que digo, que esta vida no la quiero, que muero porque no muero.

(y después...) El pez que del agua sale aun de alivio no carece, que en la muerte que padece, al fin la muerte le vale.

¿Qué muerte habrá que se iguale a mi vivir lastimero, pues, si más vivo, más muero? (y termina...) Lloraré mi muerte ya y lamentaré mi vida en tanto que detenida por mis pecados está. ¡Oh mi Dios! ¿cuándo será cuando yo diga de vero: vivo ya porque no muero?"

Y yo me reafirmaba en que Juan tenía razón, por eso fue Santo y Sabio. No existe la muerte, sino la vida. Y, a lo largo de nuestra existencia, varias vidas como si fueran los cursos de una carrera Universitaria donde pasas de curso a curso según tu nivel; es decir, puedes llegar hasta el objetivo final o también quedarte repitiendo curso e incluso abandonar; lo cual, como ya todos sabemos, produce un avance, un mantenimiento de nivel o un retraso en nuestra carrera evolutiva en cualquiera de 109 sentidos en el que nos lo planteemos.

501: Proceso a la vida al límite de la existencia

Explicándolo de otro modo y, por ejemplo, al estilo Bill Gates III, es comparable a un ordenador en el cual creas un directorio que es tu existencia, unos subdirectorios que representarían tus vidas y, lógicamente, unos archivos en los cuales quedarían cristalizados ("sinónimo de archivadas en disco duro o copias de seguridad") tu recorrido, actuaciones, pensamientos e incluso intenciones a lo largo de la ruta que te ha tocado seguir. En definitiva, tu estado de satisfacción en relación proporcional a tu estado de conquistador del conocimiento y de las actuaciones que de ello se derivan.

Volví a mi sala de regresiones vivenciales y continué haciendo un repaso a mi sección de amoríos, de la cuales citaré sólo conclusiones para ser más breve.

Tuve varias relaciones entre los diecisiete y los veinte años, pero ninguna tuvo el carácter ni la profundidad emocional de la anteriormente relatada. Eran ya los años setenta, el coletazo en España del movimiento hippie envuelto en sus valores y, cómo no, en sus errores. Pero sí está clara una cosa, dejó constancia en el proceso evolutivo de nuestra civilización. Era la reacción de la juventud a la Segunda Guerra Mundial, a la bomba atómica, a las guerras de Corea, muy en vivo a la de Vietnam, a los campos de concentración, a la guerra fría, al espionaje y a la traición en cualquiera de sus sentidos, al racismo, a las diferencias entre las clases sociales y a la igualdad de oportunidades, a las dictaduras militares o paramilitares, al hambre en el Tercer Mundo.

A la contra, surgen las conocidas movidas hippies, sus nuevos ídolos y estilos musicales, sus formas sin reglas a la hora de vestir, el NO a la sociedad consumista, al "sueño" americano (para muchos, una pesadilla), a los poderes políticos y financieros, a la manipulación del verdadero

501: Proceso a la vida al límite de la existencia

mensaje de nuestra herencia humana y a la crisis de las religiones.

No fue una crisis de valores humanos como en los noventa, sino que se reafirmaron los auténticos. Era una ruptura con todo lo anterior, con el sistema establecido y su fracaso en contradicción con los derechos e intereses básicos de la humanidad.

El Budismo comienza a expandir sus bases por todo el mundo: La meditación, el nirvana, la paz interior, el encontrarse y conocerse a sí mismo, el reencuentro con la Naturaleza y la huida del asfalto, el descubrimiento de nuevas dimensiones y estados de consciencia y todo ese largo etcétera de las culturas orientales.

Había que estar en contra de todo lo establecido, no por moda, sino por el conocimiento por parte de todos de las consecuencias que a lo

501: Proceso a la vida al límite de la existencia

largo de la historia se habían producido y, más concretamente, en esa primera mitad del siglo XX.

Eran los años en que todo el mundo quería a todo el mundo, como un resurgimiento de la vida y doctrina de Cristo y otros avatares de nuestra historia terrestre (recuérdese, por aquellos tiempos, el famoso movimiento denominado Jesucristo Superstar. Y, evitando distanciarme demasiado del tema de este capítulo (de lo otro, ya veremos algo más después), tengo que añadir que entonces las relaciones de pareja comenzaban igual que terminaban, sobre la marcha, pero no eran rupturas dolorosas ni pérdidas de la amistad, y es que seguramente el dolor de la ruptura va en función proporcional al esfuerzo previo a la relación y al compromiso en los proyectos de futuro que, en estos casos, no existían. Al ser el esfuerzo previo prácticamente nulo y si no había o no hay compromiso de futuro conjunto, la relación se dejaba a la deriva y el resultado al azar.

501: Proceso a la vida al límite de la existencia

La diferencia entre un caso y otro estribaría en la misma que puede haber entre enamorarse y gustarse, el amor o la amistad íntima y sincera.

No obstante, este movimiento juvenil tuvo tal fuerza que, sólo con su música (al margen de sus ideales) consiguieron cambiar el rumbo de la humanidad y en beneficio de la misma.

Todo encajaba en el modelo hippie. Gandhi, en la India, con la "no violencia" y sus conocidas huelgas de hambre, también abrió caminos a través de su ideología y la música enraizada en su cultura a través de los siglos, aportando al mundo sus transcendentales formas de meditación, yoga, nirvana, unión del yo interior con el Todo, reencarnación. En definitiva, desconectarse de la sociedad de consumo, del estrés materialista de las grandes ciudades, sobretodo, las crisis de valores humanos invadidas en determinados grupos sociales por el belicismo, de encontrar el verdadero camino hacia el objetivo de nuestro Ser.

501: Proceso a la vida al límite de la existencia

También eran los tiempos del regreso de la marihuana tras su exilio por la conspiración "papelera", del "haz el amor y no la guerra", del amor libre y el odio al olvido, del prohibido prohibir, etc. Y a partir del momento en que empezaba a expandirse por el mundo, ocurrió algo que todavía no he conseguido comprobar, pero de lo cual tengo cierta opinión subjetiva, y fue la involucración del movimiento en el asunto de las drogas psicodélicas (hoy de diseño) como la LSD (Dietilamida del ácido lisérgico), que fue fabricado y puesto a prueba con presos y soldados de la Guerra de Vietnam (al menos, eso es lo que se dice). Alguien también comentó que fue Introducido en el movimiento hippie con el fin de destruirlo. Los hippies ya poblaban gran parte del planeta y eran una amenaza para el poder. Todos los jóvenes se identificaban con esta forma de afrontar la vida y tal vez ese fuese el motivo de introducir las drogas en su seno y, como una bomba de relojería, posiblemente llegaría a exterminarlos. Lo que sí estaba claro es que los hippies no descubrieron y fabricaron la L.S.D. ni el resto de las que posteriormente han ido apareciendo en el mercado. Pero este movimiento dejó, después de su desaparición, una ideología, unos valores, unas pautas de conducta que hoy en día aún prevalecen, se han integrado en el subconsciente colectivo.

También fueron los tiempos del Rock and Roll, desde Rolling Stones al Rock Sinfónico de Pink Floyd, y tantos y tantos otros que fueron marcando esta época para la historia y que hoy siguen en los primeros puestos de las listas de ventas. Llegó la influencia de los ritmos africanos, dejándose notar en músicos como Carlos Santana, Obsibisa, etc., incluyendo su influencias mágico-religiosas y los Vudús de la Samba brasileña. La música afroamericana representada por los cánticos espirituales de los tiempos de la esclavitud y principios de la liberación de los que se derivaron el Jazz y el Blues, padres del Rock and Roll y las diferentes evoluciones que posteriormente se han ido generando. Eran los tiempos de la libertad para todos, incluidos los "negros", como tanto defendió, hasta su asesinato, Martin Luther King. Nacía el antirracismo.

Los indios americanos, como no, también aportaron su parte en la movida. En el aspecto externo, marcaron una moda con sus típicos chalecos con flecos, pulseras, colgantes, cintas para la frente, etc. Y en el interno, toda una filosofía de la vida y su contacto con la naturaleza. La paciencia y el conocimiento del guerrero siempre relajado y alerta. Auténticos técnicos del plano astral, como el conocido Juan Matus, indio chamán, descrito por su aprendiz de brujo Carlos Castañeda. Todas las tribus de indios americanos hablan del salto consciente a otras dimensiones.

La energía etérea del ser humano y la forma de utilizarla. De igual modo, los chinos también aportaron su milenaria cultura y su conocimiento en

501: Proceso a la vida al límite de la existencia

técnicas del saber cómo Tao, Kung Fu, Saholín, Lamas, etc.

Fueron los tiempos en que, a lo largo de la historia, más unión y comunicación entre diferentes culturas se había producido nunca. Un conglomerado tal que modificaría para siempre las bases en las que se sostiene el ser humano. Fue la voz de aquellos a los que nunca se les había podido escuchar. A lo largo de la historia, desde que Jesucristo se enfrentó a los Romanos, no se había producido un movimiento de paz, amor y cultura de tales dimensiones y con una influencia social tan fuerte.

Sin remontamos mucho en la historia, comparemos el caso siguiente: A finales del siglo XIX y primero del XX, cuando se hacía una excursión al campo de políticos, altos cargos, financieros, etc., se hacía en traje de paseo y las señoras con vestido largo y sombrilla. Hoy, esos mismos, van a una excursión campestre vestidos al modo de los hippies, con sus vaqueros, su cinta en la frente o una gorra, descamisados, etc. Luego, ¿es notable la influencia?

Aquella forma de amar se encontraría con muchos inconvenientes, incluso el inmobiliario. Los pisos no estaban preparados para el amor libre y la convivencia en grupo. Fue entonces cuando surgieron las comunas, pero el peso de la Sociedad las convirtió en grupos marginales, con todo lo que eso acarrea consigo. Por lo tanto, no había más remedio que replantearse este tema ante el freno que suponía este "muro" para este nuevo tipo de estructura social y optar por la convivencia en parejas independientes, lo cual daría lugar posteriormente al record batido por esta generación en separaciones matrimoniales.

No trato de que los Gobiernos o los movimientos antigubernamentales hayan sido ni mejores ni peores. Los Gobiernos son como son (y demos gracias a que los tenemos). Y no son así al azar, sino como consecuencia de una herencia "genética" histórica.

De igual modo ocurre con la contrapartida. Lo que ocurre es, como ya sabemos por la ley universal de acción y reacción, es que cada cosa es consecuencia de lo anterior y, a la vez, causa de lo siguiente. En cierto modo, tenemos lo que nos merecemos, el fruto de lo sembrado, el resultado de nuestros aciertos o errores tanto a nivel personal como colectivo. De ahí la necesidad de la unidad en pro de una evolución conjunta en beneficio de toda la humanidad. La paz, el amor, la calidad de vida, la búsqueda del conocimiento y del objetivo último del ser humano deben ser las pautas que marquen cada paso del camino.

Mientras tanto, finalicé mis estudios de Diplomado en Profesorado de E.G.B. en la especialidad de Ciencias y me enfrentaría al terrible monstruo de las oposiciones. La demanda laboral era muy escasa en este oficio por entonces. Pocas vacantes, muchos maestros; esas eran las perspectivas. Eran los tiempos de la Transición desde el Gobierno del Generalísimo Franco al sistema democrático iniciado por el Presidente Adolfo Suárez. Momentos políticamente difíciles y, en consecuencia, económicamente también. La inseguridad en potencia de las transiciones, provoca pánico a la inversión, lo que ocasiona la inmovilización del dinero, pérdida de puestos de trabajo y, por tanto, ni hablar de la creación de estos. Las perspectivas de futuro para los jóvenes, sin experiencia laboral, eran muy poco o nada alentadoras. De todos modos, decidí no darle muchas vueltas a la cabeza y pasarme el verano a lo grande por dos motivos: Por una parte, porque había terminado mis estudios (error por mi parte, pues de estudiar y aprender no se termina nunca) y, por otra, porque en octubre de ese mismo año me marchaba a realizar el Servicio Militar.

13. EL SERVICIO MILITAR

501: Proceso a la vida al límite de la existencia

La verdad sea dicha, no me hacía ni pizca de gracia. La Mili es algo que rompe de alguna forma la inercia de tu trayectoria, como un frenazo en seco en un automóvil que luego, al continuar su marcha, tienes que poner punto muerto, primera, segunda, tercera, cuarta y quinta hasta coger tu ritmo, lo cual produce un desgaste de energías y de tiempo perdido.

Recuerdo que un teniente nos dijo un día que el Servicio Militar no debíamos considerarlo como un paréntesis en nuestra vida, sino como una continuidad. Para mí, sigo creyendo que fue un paréntesis en medio de una etapa crucial entre los estudios y la vida laboral. Pero, incluso considerándolo como una continuidad, la considero inútil e innecesaria. ¿Qué pinta un soldado de reemplazo español adiestrado en limpieza de cocinas, aseos, compañías y barrida de patios, lavado y tendido de ropa, algo de instrucción gimnástica, limpieza de cañones, camiones, barcos, guardias de garita, etc. en medio de la Operación "Tormenta del Desierto" en el Golfo Pérsico, basada en la informática súper avanzada, la alta tecnología, comunicaciones vía bases espaciales, las técnicas de guerra psíquica, química o bacteriológica, del espionaje informático o los virus latentes, incluso la posibilidad de la manifestación física de estructuras holográficas que nos pueden hacer ver lo que realmente no existe, como tener todo un ejército ante nosotros atacándonos sin estar, la manipulación informática de los controles de un avión o submarino que puede atacar tu propio Estado Mayor? Para esto no haría falta tropa, sino una compañía privada de limpiadoras y cocineros. Tal vez no quede demasiado lejos el día en que nuestros descendientes lleguen a celebrar una fiesta como esta: "10º aniversario intergaláctico de planetas habitados sin ejército". Señal de que la paz y el amor estarán con nosotros.

501: Proceso a la vida al límite de la existencia

Comprendo que, debido a las circunstancias históricas y a los intereses particulares de cada país, hasta hoy hayan sido "imprescindibles" los ejércitos, pero no hay otro camino que el de dirigir nuestro punto de mira hacia el objetivo evolutivo de cada ser humano. Y, realmente, para esta empresa creo que no serán necesarios.

Si queremos ganar la batalla en favor de toda la humanidad, habrá que eliminar a ese Jinete del Apocalipsis que es la guerra. De nosotros depende.

Hice el campamento en Rabasa (Alicante) y seguidamente fui destinado a Cartagena (Murcia) en donde, después de superar un examen, fui nombrado Cabo y pasé a realizar mis funciones en Cocina. Desde octubre del 77, permanecí allí hasta enero del 79 en que fui licenciado. Eran los tiempos de la Transición y de la "Operación Galaxia". Recuerdo que aquella noche nos acostamos vestidos y armados, como si fuéramos a salir corriendo en cualquier momento.

501: Proceso a la vida al límite de la existencia

Lo pasaba mal, me sentía como gallina en corral ajeno, tenía que realizar un tremendo esfuerzo para poder aparentar que me sentía adaptado a la situación, pero no era así. Los días se hacían interminables y la mente no paraba de dar vueltas. Llegó un momento en que tenía la impresión de llevar allí toda mi vida, los recuerdos de mi vida antes de encontrarme allí me parecían lejanos, escasos en detalles y en sensaciones.

Dicen que en la Mili se hacen buenos amigos. Es cierto. Ocurre por simpatía, por la convivencia y la similitud de nuestras circunstancias, por encontrarse en el mismo tiempo en el mismo lugar. Pero también se hacen buenos amigos en la Universidad, en un Pub, en un campo de concentración, en el fútbol, en los Hospitales, etc. En todos lados. Pero la pregunta sería por qué estoy en este lugar y no en otro. ¿He venido yo o me han traído?

501: Proceso a la vida al límite de la existencia

El hombre es un ser sociable por naturaleza y por necesidad, aunque unos lo sean más que otros. Recuerdo muy especialmente a Goro, gitano mestizo de San Juan de Aznalfarache con antecedentes penales que se pasó más de la mitad de la mili en el calabozo (recuerdo que yo pedía al oficial de guardia refuerzos para la cocina y de esta forma salía todos los días del agujero, al cabo Aparicio de la Plana Mayor y Barcelonés y a Willy el Cantinero, que era de Bilbao. Ellos y yo, el cabo Sano me decían, éramos el típico grupo de amigos de cueste lo que cueste, como dirían los Carlistas antaño. Nos identificábamos mucho con los intereses generales de la humanidad y no los de estrictamente un grupo determinado. En términos futbolísticos, no éramos del Madrid ni del Barcelona, en todo caso, del Comité Olímpico Terrícola, que se interesaría por los intereses de este deporte. Pronto nos hicimos de querer y respetar en todo el cuartel.

501: Proceso a la vida al límite de la existencia

Otro recuerdo muy profundo que guardo es la experiencia de aquellos quince meses junto al Mediterráneo. El mar me hacía pensar, sentirme solo y pequeño a la vez. La añoranza me invadía. Los recuerdos de mis seres queridos, de mi hábitat, del lugar donde me sentía seguro y libre, el de mis proyectos, el de mis amores, ..., me hacían sentirme triste. Acorralado e impotente. No podía irme de aquel lugar. Sentado en las rocas me decía: Detrás tengo al ejército, delante, frente a mí, el mar. Majestuoso, inmenso, infranqueable por mí y profundo. Lleno de vida y de muerte a la vez., un constante nacer y morir en medio de una lucha a muerte por la supervivencia inmerso en un gigantesco callejón sin salida. Y al final me decía que fuera del mar, también ocurría lo mismo.

Recuerdo también una playa pequeña que había cerca de Cartagena, se iba por Escombreras, denominada "La Caleta". Tenía un chiringuito y además era frecuente encontrar por allí turistas rubias y bastante ligeras de ropa para aquellos tiempos. Se estaba bien allí. Mi cuartel estaba prácticamente en el centro de la ciudad y muy cerca del puerto. Allí nos íbamos muchas tardes, junto al submarino Peral, a ver los barcos. La mayoría eran de la Marina de Guerra y, de vez en cuando, algún mercante. Había por esa zona algunos Pubs siempre abarrotados de soldados de todas las clases de uniformes y especialidades. Un día desembarcaron los americanos que se encontraban por aquella zona de maniobras. Fue impactante. Eran soldados como jugadores de rugby, llenos de tatuajes, con unos brazos como mis piernas, de 15 o 20 centímetros más altos que yo el más pequeño, con ganas de beber y de bronca. A su lado, nuestros marinos parecían sus hijos con el traje de la Primera Comunión. Optamos por la retirada y nos fuimos a la cantina del cuartel. Al día siguiente nos enteramos del balance: más de un hueso roto, algún navajazo y una baja, era un marino de los nuestros. Total, que, entre unas cosas y otras, transcurrieron esos 15 interminables meses y llegó el gran día. Era como un sueño, no me lo podía creer, no me hacía a la idea, como si no fuera consciente de esa realidad que se presentaba ante mí. Me preguntaba cómo sería ahora la vida en Úbeda. ¿Habrían cambiado mucho las cosas? ¿Y la gente? Yo también había cambiado.

14. LA VUELTA A CASA

Volví a Úbeda y, tras unos días de reencuentro conmigo mismo y el entorno, comencé a plantearme mis quehaceres cotidianos. De hecho, ya traía algo en mente, algunos proyectos.

Mi principal objetivo era prepararme para las oposiciones de Magisterio, conseguir ese trabajo por el que había luchado tantos años e iniciar mi independencia.

Recuperé mi guitarra, mi fotografía y mis lecturas, pilares básicos para mí que me llenaban de vida, de iniciativa, de sueños, de imaginación, creatividad y conocimiento sobre los temas que desde antaño me interesaban.

Seguía funcionando la tasca del Chinarrales. Un garito de estudiantes y personajes de vanguardia. De aquella época, recuerdo ver por allí

501: Proceso a la vida al límite de la existencia

a Joaquín Sabina antes de su historia de Londres y su confirmación como músico. En algunas ocasiones nos deleitaba con su música en aquella tasca. Culturalmente, en Úbeda era un momento muy fértil en aquellos tiempos. Escritores como Antonio Muñoz Molina o Juan Pasquau, el impacto realizado en la alfarería por los hermanos Paco y Juan "Tito", Almarza, Alameda, etc., escultores como Palma Burgos y Ramón pintores de la talla de Domingo Molina, Góngora, Gálvez, Camprubí, Lechuga, Espadas, Matías Crespo, Rojas, de la Torre, etc., decoradores de vanguardia como Justo Doña, los number one del hierro forjado: los hermanos Tiznajo, la espartería de Enrique Blanco, políticos como Arsenio Moreno Mendoza o Juan Manuel Sánchez Gordillo (después sería alcalde de Marinaleda, su tierra natal, pero entonces estudiante en Úbeda), cantaores como el Tato, actores como Ramón Molina Navarrete, Espadas, etc., poetas, toreros como Carnicerito de Úbeda, y toda una gama de especialidades y personajes que han llevado el nombre de Úbeda a todas partes. (Pido perdón si no recuerdo a alguien en particular).

Eran tiempos propicios para cualquier cosa, pero los escasos medios económicos y de comunicación impedían bastante la salida al exterior, lo que hubiera fomentado la movida de entonces y, por inercia, hubiera tirado de otros muchos que lo intentaron y no pudieron debido a estas circunstancias. Para triunfar había que irse de Úbeda, a Madrid o Barcelona.

Yo seguía con el ritmo que me había programado, me organicé mi horario: Estudio por las mañanas y un rato por las tardes, fotografía, salidas al anochecer y por la noche, mi hermano y yo, guitarra en casa.

15. HACIA UNA MADUREZ PREMATURA

La vida continuaba igual en la Habitación 501. Mientras iba observando el entorno y percibía que todo continuaba con "normalidad", hacía un repaso a la anterior internada por los archivos de mi pasado e iba sacando mis conclusiones. El porqué de cada situación, por qué algunas cosas habían pasado y otras, sin embargo, no. Los aciertos. Los errores cometidos, deduciendo que en muchos casos se producían más que por haber hecho algo, por no haberlo hecho en el momento y lugar adecuados. También observé que, en la medida que los sucesos eran más cercanos al presente, el estado regresivo al que llegaba era menos profundo y podía acceder conscientemente a la continuación de la representación. No como hasta ahora que el acceso a la regresión era inconsciente y la representación consciente. A veces sólo me bastaba cerrar los ojos para, instantáneamente entrar en escena. Al terminar el acto, si quería "volvía" y, si no lo deseaba, continuaba. De este modo, y en función de la desconexión con el exterior, iba a veces alternando regresiones con recuerdos indistintamente, pero identificando con claridad unos de otros y sacando conclusiones para una teoría que empezaba a darme vueltas por la cabeza. Es difícil de explicar en este nivel cosas que ocurren en otros. La mente, el pensamiento, tanto concreto como abstracto, es más amplio que el lenguaje y, por lo tanto, no es posible encajar en su totalidad algo mayor dentro de algo menor.

De la amplitud del lenguaje depende la calidad de la transmisión del pensamiento, el parecido de lo que pensamos con lo que realmente transmitimos, que es lo que percibe quien nos escucha.

En la comunicación, no sólo utilizamos el lenguaje oral, sino que además utilizamos otros de ayuda como la gesticulación, la mímica, las arrugas de la frente, las emociones, el vestuario, la música, el movimiento de manos y brazos, el escenario en el que lo hacemos, etc., enriqueciendo la calidad de la misma y nuestro intento de que el mensaje transmitido se corresponda lo más aproximadamente posible a la realidad del pensamiento.

En la escritura, la calidad de la comunicación es muy inferior a la oral, aunque también obtiene ayudas del dibujo, la fotografía, esquemas y fórmulas, etc. Pero dependiendo de las palabras elegidos y del orden en que las coloquemos, puede transmitir emociones y sentimientos como el miedo, el placer, la intriga, el desamor, etc., creando estilos literarios como la poesía, la narración, las teorías científicas, las novelas policíacas o de terror etc.

La lucha del hombre a lo largo de la historia por la comunicación ha sido incesante. Gracias a la comunicación es posible el entendimiento, el

501: Proceso a la vida al límite de la existencia

progreso, el conocimiento, las mejoras en la calidad de vida, del futuro de nuestros descendientes, del amor y de la paz. Debido a esto, recuerdo que no podía expresar nada de lo que me estaba ocurriendo porque no encontraba palabras adecuadas para que lo entendiera nadie y, posiblemente, dirían que estaba delirando o que me habría vuelto loco (y, como en esos momentos eres consciente de esa realidad, optas por no decir nada). Mis ideas eran claras, más que en un estado de los que consideramos normales o de vigilia, pero la comunicación se había convertido en prácticamente un imposible para con los demás. Mi lenguaje era, para ellos, absurdo, ininteligible; el de ellos, para mí, demasiado terrenal y material, no tenía interés alguno para mí. Hasta sus sentimientos, ojo, eran de tipo material para la forma en los que yo estaba "inflando" mi espíritu.... Hasta los sentimientos, pensé, tienen diferentes dimensiones mentales, espacio/temporales, emocionales, dependientes del estado de consciencia del sujeto, del eje de

501: Proceso a la vida al límite de la existencia

coordenadas en el que se sitúen los baremos de las referencias espirituales.

En un estado interfásico entre el recuerdo y la regresión, me vino a la memoria la habitación de cristal que había al fondo del pasillo, muy iluminada, y en la que había, en una mesa blanca, una bolsa negra que en su interior tenía algo para mí. Mi padre, recuerdo, había salido a comer y, aunque seguía atado a la cama, salí de la habitación deslizándome (no andando) muy deprisa por el pasillo con el fin de que me diera tiempo a volver antes que mi padre (claro, en ese momento no me di cuenta de que mi cuerpo físico seguía atado a la cama y que por donde yo iba no podía verme nadie). Iba totalmente consciente, descalzo, pero mis pies no se apoyaban en el suelo. Me sentía intranquilo por si alguien me veía (Era tan real que incluso creía que mi cuerpo físico también iba conmigo). Llegué a la habitación de cristal, era tal y como la había visto en aquella ocasión, me dirigí a la mesa, cogí la bolsa, la escondí en el guardarropa y volví a encontrarme atado a la cama. En ese momento entró mi padre. No le conté nada de lo ocurrido por los motivos ya conocidos. Me tenía intrigado este asunto de la habitación de cristal y el misterio de la bolsa negra.

Luego entraron un A.T.S. (el que ataba) y un Médico que no conocía, tal vez era nuevo. Miré fijamente al primero como intentando transmitirle lo mal que me lo estaba haciendo pasar, pero opté por no decir nada, ¿para qué? Aunque, en cierta ocasión, sí le grité diciendo que eso era anticonstitucional y que lo denunciaría al Juzgado en cuanto saliera de allí (lo cual no hice después, seguro que era necesario).

Estuvieron hablando un rato junto a la ventana y ojeando mi historial. Por lo visto, el nuevo le preguntaría al otro el motivo de tenerme atado y escuché al otro decirle en voz baja, pero audible: "Si, hay que tener mucho cuidado con él, me miró de reojo en ese momento y continuó, es súper peligroso" Movieron los dos sus cabezas con gestos afirmativos y de complicidad. Me dio risa y rabia a la vez: "¿Qué habré hecho yo para ser Súper y, además, peligroso?", me preguntaba, ¿Si no me he movido de la cama en no sé cuánto tiempo?

Era verdad, no sabía el tiempo real que llevaba allí. Con la mano izquierda, cuyo brazo tenía en libertad en esta ocasión gracias a Dios, sólo el suero (para mí algo ya insignificante), me toqué la pierna izquierda y encontré por allí la tubería de la sonda de la orina bastante embarullada. Al intentar desliármela un poco, me toqué el pene y los testículos y casi no los encuentro. El primero se había reducido más de la mitad de su tamaño normal en estado no excitado y los segundos ni los encontraba, por un instante llegué a pensar que me los habían cortado, pero en realidad lo que había ocurrido es que se me habían metido dentro del cuerpo. " ¡Vaya, cada vez queda menos de mi cuerpo, me estoy consumiendo!". Me tocaba la otra mano y, con una ligera y suave pasada, podía diferenciar perfectamente cada hueso, cada tendón, cada arruga de la piel, la cual estaba como un globo cuando está casi desinflado.

Me cogía un pellizco de la piel con los dedos pulgar e índice, me apretaba y no me dolía, no sentía casi o nada. Si tiraba de él, era elástico como la goma, frío, áspero, notaba la sensación de que era más frágil de lo que yo entendía por habitual, daba esa sensación. Luego me toqué los labios, los tenía agrietados, ásperos, secos, como si tuviera conchas o caparazones como los galápagos.

En muchas zonas, en las que me iba explorando, no tenía tacto, sensibilidad, tanto en la mano como en la zona decidida por mí a investigar. Me preocupaba y, al mismo tiempo, no. Estaba tomando consciencia del deterioro de mi cuerpo físico previo a la muerte. Ya me dieron la extremaunción, recordaba, ¿Acaso había muerto ya y aún no era consciente de esa realidad? Hay quien dice que algunas personas deambulan un tiempo por no haber tomado consciencia del paso dado creyendo que aún siguen aquí, con su cuerpo físico al igual que yo me imaginaba cuando iba, por ejemplo, a la habitación de cristal. Verdad es que sentía muy cerca ese momento y estaba totalmente concienciado de esa realidad. En mis circunstancias, lo tenía asumido, lo necesitaba, era una liberación. No sentía ni calor, ni frío, ni dolor, ni tristeza, etc., pero sí un gran sosiego. Era insensible a las condiciones que nos impone esta dimensión del ser humano. Llegó un momento en el cual también me reía y era porque, al tocarme por algún lado, de no saber que el único que estaba en la cama era yo, hubiera creído que estaba tocando al de al lado.

En los ratos que pasaba despierto en aquella inolvidable 501, ya que no podía estar todo el tiempo en estado regresivo, no tuve más remedio que buscarme una distracción para no aburrirme más de lo que ya estaba, y fue con el botón del pijama que había a la altura del ombligo, y el juego bastante sencillo y que describo a continuación: abrochar, desabrochar, abrochar, desabrochar, ..., y así sucesivamente. ¿Una tontería?, pues no tanto en aquellas condiciones. Me servía de indicador de mi estado neurofísico, de la coordinación entre el sistema nervioso y el muscular. Y este indicador me comunicaba que mi estado dejaba bastante que desear, pues concretamente para el acto de desabrochar tenía que hacer un gran esfuerzo y tardaba bastante rato, a veces, hasta el punto de abandonar la tarea, muy enfadado, y dejarla para la próxima sesión. Otros días no podía realizar mi sesión de "rehabilitación" porque me ponían el modelo de pijama que se abrocha por detrás y por delante sólo tenía el nudo del cinturón, el cual no me atrevía a tocar por miedo a que me volvieran a atar la única mano que me quedaba libre.

501: Proceso a la vida al límite de la existencia

Tenía pánico a la inmovilización. Si no hubiera sido capaz de enfocar mi atención hacia otros asuntos (como las regresiones), creo que me habría vuelto loco, no es para menos, es una situación terrible y horrible. Luego surge la sensación de impotencia que te invade. Es un reto a muerte entre la vida y la paciencia, entre el estallido y el autocontrol. En algunas ocasiones llegas a desear la muerte, sería una liberación del estado de desesperación en el que te puedes sumergir.

Una tarde estuve varias horas tratando de desatarme un pie (estaba liado alrededor del tobillo con esparadrapo de unos 6-8 centímetros de ancho y de ahí hasta la barra del somier). Ese día no me lo habían apretado tanto como otros y, con pequeños movimientos para que no me lo notase nadie, fui poco a poco ensanchando la atadura. Por fin conseguí mover el pie libremente dentro de la cama y una fuerte sensación recorrió todo mi cuerpo desde el pie hasta la nuca pasando por la columna vertebral, una especie de hormigueo con sabor a libertad que empapó de alegría todo mi ser. Pero sólo llevaba unos minutos cuando alguien se dio cuenta y volvieron a atarme. La tristeza volvió a apoderarse de mí.

Decidí entonces darme otro paseo por el otro lado y me encontré en un viaje que hice estando en la Mili desde Úbeda a Cartagena, volvía de un permiso y decidí pasar un par de días en Granada en la casa de unos amigos. Estando en la plaza de Colón (creo que así se llamaba) se me acercó una gitana y me dijo que me iba a leer la mano por no recuerdo bien qué cantidad. Le dije que no, pues los soldados siempre andábamos mal de dinero y, aparte de esto, es un asunto al que le tenía mucho respeto, ni creía ni dejaba de creer, pero siempre intentaba evitarlo. De todos modos, como ya me había cogido la mano, me leyó gratis la línea de la vida.

501: Proceso a la vida al límite de la existencia

Nunca le hice caso a lo que me dijo, no le di importancia y prácticamente olvidé el episodio. Ahora, sin embargo, me venía a la memoria debido a las circunstancias en las que me encontraba y recuerdo que me dijo lo siguiente: "A la mitad de tu vida o poco más, pasarás por una situación en la que estarás a punto de perder la vida, hasta puede que te den por muerto, pero después continuará bastantes años". Diciéndome esto, señaló con su dedo un punto de la línea que estaba interpretando y, efectivamente, está cortada aproximadamente hacia la mitad o un poco más de su longitud y si calculamos una vida media de unos 70/75 años, coincide exactamente entre los 38/42 años. Yo tenía 40 en esos momentos. Conclusión: No tengo más remedio que creer que en las líneas de la mano existen secretos que algunas personas saben interpretar. Tal vez se reflejen en ellas determinadas facetas de nuestro recorrido existencial manifestándose en un lenguaje al estilo de los jeroglíficos. (Nota: La mano y la línea de la vida aún las conservo como prueba).

Pocos días después de licenciarme del Servicio Militar conocí a María José, la que luego sería mi esposa, de una forma más personal. Antes nos conocíamos de coincidir en algunos sitios, pero en circunstancias diferentes. Iniciamos una relación muy intensa, rápida, nos entendimos al primer golpe y comenzamos a salir.

Ella, natural de Bedmar, estaba estudiando Formación Profesional en Úbeda, donde residía. Yo seguía preparándome para las oposiciones y por las mañanas, faltando a las clases, casi todos los días se venía a mi casa y pasábamos muchas horas en aquella habitación que tenía para estudio. Por las tardes también quedábamos en mi casa y luego nos íbamos por ahí de bares, al campo, al embalse de Pedro Marín, a pueblos de los alrededores, etc.

501: Proceso a la vida al límite de la existencia

La relación marchaba perfectamente y no entraré en detalles por respeto a la intimidad de esta persona. Hacia el mes de abril de ese mismo año proyectamos independizarnos, vivir juntos y tener un hijo. Quedó embarazada Busqué trabajo y lo encontré de disc-jockey en el Pub-Discoteca Loni, local bien visto con una clientela de matrimonios de mediana edad. Mi horario oficial era de 6 de la tarde a 3 de la madrugada, aunque en realidad había veces que recogíamos a las 5, 6 o las 7.

A mis oposiciones ya sólo le dedicaba un par de horas antes de comer. Nos casamos el 19 de julio de 1.979. No teníamos nada, sólo un pisito que nos prestó mi padre y los muebles básicos entre el mío y el suyo.

A finales de verano, conseguí un contrato de tres meses como profesor en el INEM para desempleados interesados en obtener el título de Graduado Escolar, con horario de 9 a 13 horas que tenía que compartir con el de la discoteca ya que no podía renunciar a ninguno de los contratos: Si dejaba la discoteca, sólo tenía seguridad de 3 meses en el INEM, pero tampoco podía dejar este ya que ese tiempo me podía servir como experiencia profesional a la hora de nuevas contrataciones u otros trabajos. En definitiva, ya no me quedaba tiempo para las oposiciones, me presenté y suspendí en la prueba 3 de 4. (El mismo resultado obtendría los tres años siguientes).

El 22 de enero de 1.980 nació nuestro hijo Fernando Manuel. Recuerdo que lo miraba y me sentía aturdido, no sabía qué hacer con él, no era consciente aún de esa realidad. Todo iba sin complicaciones. Yo no cesaba de buscar otro tipo de trabajo, pues, aunque el trabajo de la discoteca me gustaba, el horario era horrible, y más para una familia tan joven. Me presentaba a muchas oposiciones de la Administración del Estado y de la RASSSA (hoy Servicio Andaluz de Salud). Instancias a diferentes organismos para cubrir vacantes temporalmente, en fin, de todo. Un día, por jubilación del titular, me avisaron para cubrir esta vacante, con contrato interino, del Ayuntamiento de Bedmar para ocuparla en la pedanía de Garcíez. Recibí la carta el 24 de julio de 1.980 para incorporarme el 1 de agosto. Mi mujer y yo, como toda la familia, dábamos saltos de alegría. Adiós a la discoteca, todo iba a cambiar positivamente a partir de ahora.

El 17 de diciembre de ese mismo año nacía nuestro segundo hijo al que llamamos Juan Manuel. Ya nos habíamos instalado en Garcíez en una de las casas de los maestros que estaba deshabitada. Conjuntamente con este empleo y como tenía las tardes libres, me hice Corresponsal del Banco de Andalucía en la Zona de Bedmar y Garcíez con unas comisiones a un porcentaje muy bajo, pero por lo menos sacábamos para los gastos de guerra, como decíamos nosotros. Además, durante tres meses un año y otros tres al siguiente, trabajé para el Instituto

501: Proceso a la vida al límite de la existencia

Nacional de Estadística, en las vacaciones de verano sustituía al Enlace Rural del Servicio de Correos para Jimena, Albanchez, Bedmar y Garcíez, algunos fines de semana en algunos trabajos en el campo y, por Navidad que siempre había días libres, a la recolección de la aceituna. Ayudas al sueldo del Ayuntamiento que era bajísimo, 25.000 pts./mes. Y así nos fuimos comprando coche, TV color, electrodomésticos nuevos (ya que los tuvimos de segunda mano -de mi abuela que ya había fallecido-), etc., y criando a nuestros hijos.

Sin embargo, por aquellas fechas, vine en la lista de aprobados a las pruebas selectivas que se realizaron cuando se iban a abrir las Delegaciones de Hacienda de Úbeda, Linares, Villacarrillo, etc. La lista, de 4 o 5 mil opositores, según dijeron, era de un total de 120 seleccionados, yo ocupaba el no 108, contrataron en primera instancia a los 100 primeros y al resto nos dijeron que nos irían avisando según fueran haciendo falta. Todavía sigo esperando...

Llevaba ya unos cuatro años en el Ayuntamiento cuando un día que me encontraba en Jaén por asuntos de papeleos, por curiosidad solicité información en la Tesorería Territorial de la Seguridad Social sobre el estado de mis cotizaciones, quedando asombrado al descubrir que sólo tenía cotizado el período de la discoteca y no completo. Puesto al habla con el Alcalde y la Secretaria del Ayuntamiento me contestaron que el contrato era así. Yo sabía que así no podía ser, pues cualquier interino cotiza al desempleo para, en el caso de quedar parado, poder tener derecho a la prestación. Ante la negativa de la empresa a solucionar el asunto, no tuve más opción que ponerlo en conocimiento de la Inspección Provincial de Trabajo, la cual levantó acta contra el Ayuntamiento en la que se le instaba al pago de las cotizaciones más la correspondiente multa, lo que suponía una cantidad de más de dos millones de pesetas. Antes de dar este paso, ya había enviado al Alcalde repetidos escritos solicitando se resolviera el asunto, haciendo caso omiso y no recibiendo contestación alguna. Días después de la visita de los inspectores me llamó por teléfono el Alcalde y me quedé "pasmao" cuando me dijo que había traicionado al Ayuntamiento y a su persona, a lo que le contesté que al amparo de mi derecho laboral y al caso omiso que había hecho a mis repetidas solicitudes, el que realmente había sido traicionado había sido yo y que me parecía mentira que un Alcalde de la primera legislatura del PSOE mantuviera a sus empleados en peores condiciones que en la legislatura de los famosos 40 años y que lo pondría en conocimiento de la ejecutiva de su partido que seguro que también se iban a quedar asombrados de la propaganda que les estaba haciendo en contra de sus intereses y de su ideología, cosa que le partió en dos. Las oposiciones estaban cerca y el que aprobara (ya que era a oposición libre, sin valorar el tiempo de servicios prestados) se quedaría con la plaza. Yo tenía que solucionar el tema de mis cotizaciones para tener derecho a desempleo en caso de quedar parado, y en las circunstancias actuales, seguro que sería así. No era el único trabajador de esta empresa en estas condiciones, pero sí el único que se enfrentó a ellos reclamando un derecho básico de los trabajadores y recogido en la legislación vigente.

Viendo que el asunto no se solucionaba y que hacían caso omiso del acta levantada por la mencionada inspección, recurrí al entonces Ministro de Trabajo, Sr. Almunia, y a la Inspección Central de Trabajo de Madrid quienes, tras darme unas palmaditas en la espalda, dijeron que tomarían cartas en el asunto. Transcurría el tiempo y todo continuaba igual, por lo que decidí dirigirme al Defensor del Pueblo, el cual me contestó que estaba en mi derecho con respecto a lo que reivindicaba, pero que no tenía competencias ni poder ante el

501: Proceso a la vida al límite de la existencia

comportamiento de las Inspecciones de Trabajo ni las sentencias de los Tribunales. Acorralado y viendo que ya se había convocado la plaza a oposición, decidí no presentarme e interpuse demanda ante la Magistratura de Trabajo (hoy Tribunal de lo Social) reclamando mi derecho a la plaza por llevar ocupándola más de tres años sin contrato escrito, sólo un nombramiento, tiempo que superaba con creces el período máximo permitido y adjuntando las actas de la Inspección de Trabajo.

No encontraba abogado para llevar el caso. Los de izquierdas que visité no querían enfrentarse a los suyos, los de derechas tampoco, eran tiempos turbios políticamente, aún estaba reciente lo del "tejerazo" y nadie quería complicarse la vida y menos en un caso de poco dinero. Por fin encontré a uno casi recién salido de la Universidad y con una excelente voluntad de intentarlo.

Perdí el juicio y la sentencia, que aún la conservo, decía textualmente: "Sin entrar en el fondo del asunto, absuelvo al Ayuntamiento de Bedmar y Garcíez". Los recursos a instancias superiores corroboraron la sentencia. ¡Asombroso, ¿verdad? Después de la toma de posesión de la persona a la que habían aprobado, fui cesado el día 6 de marzo de 1.985. Me pagaron los seis días y... "hasta luego Lucas".

Por entonces mi esposa y mis hijos ya vivían en Úbeda y yo iba y venía todos los días. Pagamos al abogado, teníamos un préstamo a medio pagar y nos encontrábamos sin un duro, sin trabajo y, como era de esperar, sin derecho a la prestación por desempleo ni a médico y con una depresión que se había ido gestando meses antes de mil pares de coj... La sensación de fracaso e impotencia ante las circunstancias iba calentando los motores de una relación que comenzaba a ponerse tensa. No podíamos cubrir ni las necesidades básicas a no ser por la ayuda de la familia y de cierto amigo que me dio veinticinco mil pesetas sin pedírselas y que nunca podré olvidar.

La situación laboral, la insuficiencia económica, etc., me iban haciendo cada vez más impotente para afrontar la realidad y la incertidumbre del futuro. El único premio al esfuerzo realizado a lo largo de los años había sido el fracaso. Uno tras otro. Me encontraba en un callejón sin salida. Era muy difícil sobrevivir en estas condiciones, era un inhumano reto al que me enfrentaba la vida.

Algunos meses antes del despido en Garcíez estuvimos cenando una noche con un matrimonio de nuestra edad. Él trabajaba en el Banco del que por entonces yo era Corresponsal y era también muy aficionado a la música en la que también, como yo, había hecho sus pinitos. Al final fuimos a su casa a echar una copa, escuchar música, charlando, en muy buena armonía y la esposa sacó una baraja de Tarot y le dije que me echara las cartas. Expuso muchas sobre la mesa, por lo menos 15 o 20, no las conté, pero enseguida me di cuenta de que no era ninguna novata. Acto seguido comenzó a interpretarlas y me dijo, entre otras cosas, lo siguiente: tu pareja y tu estáis de espaldas, lo que significa que os divorciareis ya que estáis mirando hacia caminos diferentes y, antes o después, cada uno elegirá el suyo. No tendréis más de dos hijos, pero tú (dirigiéndose a mí) tendrás un tercero y será una niña que nacerá de una mujer rubia que te hará muy feliz. También veo una etapa de enfermedad muy grave que superarás.

Opinaba lo mismo que en el caso de la gitana de Granada con la quiromancia. No le hice el menor caso y seguimos con la tertulia hasta que nos fuimos a casa de mis padres a dormir, ya que allí dejábamos a los nenes cuando salíamos. Después lo he recordado en muchas ocasiones porque nunca pensé que llegara a divorciarme, nunca lo deseé. Es cierto que estábamos pasando una mala racha, pero todos o casi todos los matrimonios las tienen y luego, con el esfuerzo de ambos, se superan, lo que refuerza aún más la unión de la pareja. (Nota: Aún no ha ocurrido lo de tener una hija con una mujer rubia, ¿quién sabe?).

Nuestros hijos tuvieron una buena infancia en Garcíez. Vivíamos en la última casa del pueblo junto al patio del recreo del Colegio y el campo de futbol. La casa tenía un pequeño jardín en la puerta de entrada y hasta el horizonte, por donde todas las tardes se ponía el sol, todo era campo. Fernando y Juanma jugaban allí todo el día. No había peligro de coches, ni nada por el estilo. Una vida tranquila, agradable, sin estrés, sobre todo teniendo en cuenta que es un pueblo de unos 250 habitantes. A ella y a mí se nos quedaba pequeño, pero en principio lo veíamos como el lugar ideal para sus primeros años, era un ambiente destensado, abierto con los vecinos, sano. De todos modos, casi todos los fines de semana nos subíamos a Úbeda, que está sólo a 20 Kms. de distancia.

Recuerdo que por las tardes pasaba por la puerta de nuestra casa una manada de ovejas y ellos, que ya estaban al acecho cuando se aproximaba la hora, se metían en medio de ellas y no se les veía ni la cabeza hasta que pasaban. ¡Se lo pasaban "bomba" !
En otra ocasión, el entonces Alcalde Pedáneo de Garcíez y debido a la falta de presupuesto, se trajo del Ayuntamiento de Baeza unos "cabezudos" de esos de las cabalgatas de Feria que le regalaron. Estaban para el desguace, pero los restauré y los pintamos entre el Policía Local y yo, ya que éramos los únicos empleados allí. La verdad es que se quedaron como nuevos. Una mañana, subí hasta la habitación en la que estaban guardados a mis dos hijos para enseñárselos. Juanma no quería entrar, pero Femando se puso la cabeza de uno enorme que había pintado de negro y con unos labios de color

rojo fuerte. Al asomarse a la puerta, Juanma, al verlos, salió llorando despavorido.

Cierto día apareció por el pueblo un "hippie", como decía la gente. A mis hijos les llamaba la atención por su aspecto: Pelo largo y algo desmelenado, un poco harapiento y sin equipaje. Cojeaba de una pierna y un brazo lo tenía descolocado, como de haberlo tenido roto, o casi roto, y haberse curado sin escayola. Tenía dificultades en sus movimientos.

Anduvo por el pueblo con todos los chiquillos del pueblo detrás de él. Las mujeres cuchicheaban en pequeños grupos que se formaron en las puertas de algunas casas, de la tienda de comestibles o en la fuente de la plaza (el agua a domicilio no era potable). Los hombres hacían lo mismo, al acecho, en los lugares típicos de sus tertulias. No lo perdían de vista, como si temieran que les fuera a hacer algún mal. Aquel día estaban por allí mi hermano Pedro y su familia. Él y yo habíamos ido a algo a Jimena y no tardaríamos en volver. El "hippie" se puso cerca de la casa, en el patio del colegio. Los chiquillos del pueblo formaban un grupo a unos 15 metros de él. A unos 10 metros de estos, se formó el de las madres. Un poco más allá, en la esquina, el de los hombres. Era curioso observar la unión y la forma de situarse de los vecinos ante la "amenaza" de un "cuerpo" extraño que se había infiltrado en su territorio. Era algo instintivo que surgía de lo más profundo de su subconsciente. Tal vez, incluso, genéticamente heredado de nuestros lejanos antepasados de las cavernas y que persevera en nuestro interior en estado latente hasta que el estímulo adecuado lo despierta y nos conduce a un modelo de conducta determinado.

Al filo del parque, a unos 30 metros de nuestra casa, acechaba a la presa el Policía Municipal en estado de alerta roja y dispuesto a entrar en acción en cualquier momento. El suspense había invadido la ciudad.

Llegamos mi hermano y yo, pero antes de llegar con el coche hasta la casa, fuimos detalladamente informados de la situación. Nos dirigimos allí y nos encontramos con la situación anteriormente descrita. Después hablé con él muy amistosamente por parte de ambos. Me dijo que no tenía dinero y que venía de la Sierra de Cazorla donde había estado desintoxicándose de su adicción a la heroína, que creía estar seguro de haberlo superado y se dirigía hacia el norte, a su lugar de origen. Como tenía hambre, sólo me pidió algo para comer. Pasamos a la casa y "el Municipal" seguía espiando a una distancia prudencial. ¡Era el Secretario!

Mi esposa le preguntó lo que quería comer y contestó que pan y leche. Se comió un pan de kilo y un litro de leche en cuestión de segundos. Mis hijos no se apartaban de él. Lo observaban con mucha atención. Él les decía palabras cariñosas y rápidamente se ganó la confianza de todos.

Al anochecer fuimos al bar a tomarnos unas cervezas. El sólo tomó pan y leche. Tampoco fumaba. Todo el mundo estaba pendiente de nosotros. Luego fuimos a la casa y nos salimos a cenar al jardín. Seguidamente, sacamos las guitarras, una flauta y otra transversal que era de mi hermano, armónica, bongos, etc. y estuvimos tocando hasta tarde. En varias ocasiones pude ver a lo lejos, camuflado entre las sombras de la noche, al Municipal. Se había convertido en mi guardaespaldas.

Nos preparábamos para irnos a dormir y el "hippie" se despidió muy agradecidamente, no sólo por la comida, sino porque lo habíamos tratado como a un ser humano. A la mañana siguiente subimos a Úbeda a pasar el fin de semana y se vino con nosotros hasta la estación de autobuses. Como yo tampoco disponía de dinero de sobra, le di quinientas pesetas, que era lo que llevaba, y le regalé una flauta. Le dije: No es nada, pero con la flauta puedes ganar todos los días lo suficiente para comer.

El lunes, cuando volví al trabajo, me enteré de que el Alcalde había llamado a la Guardia Civil de Jimena para que fueran a echar al "hippie" del pueblo. Una vez en Garcíez, estos argumentaron que no podían echarlo, así como así, por lo que el Alcalde propuso que lo detuvieran, a lo que estos añadieron que tampoco podían hacerlo si no había cometido ningún delito o encontrarse en situación de busca y captura.

Resumiendo: Según el pueblo, el "hippie" era un peligro público que ponía en peligro la seguridad de todos. Según mi opinión, demostró todo lo contrario. Era una persona que cometió el error, tal vez sin ser culpa suya, de caer en la drogadicción y estaba luchando para iniciar una nueva vida.

501: Proceso a la vida al límite de la existencia

Todos, alguna vez, podemos necesitar ayuda y, tal vez, nos cierren todas las puertas o nos echen a patadas. Nadie está libre de necesitar una segunda oportunidad.

Comencé entonces a trabajar en el campo con un tractorista y en labores típicas de esas fechas para el olivar: Quitar hierba, insecticidas, abonos, riegos, etc. Había poca tarea, por lo que sólo trabajaba un par de días a la semana. Entre esto y la pequeña ayuda de mis padres, por lo menos podíamos ir comiendo, aunque recuerdo que al menos un par de noches, mi mujer y yo, me acostamos sin cenar.

Conseguí algo de ropa usada, pero en buen estado, de mi cuñado, calzado de un tío mío, para los niños algo nos dio mi prima Mariló. En fin, así íbamos tirando de la vida. Mi padre me pagó algún plazo del préstamo que teníamos en el banco.

Realmente, se siente uno muy mal cuando ves que no puedes satisfacer las necesidades mínimas de tu hogar. Se agradece la ayuda, pero desearías no tener que necesitarla. A veces, en un hombre, la pobreza se esconde, nunca pides, no porque te dé vergüenza o por orgullo, sino por no sentirte derrotado, aunque el sentimiento de impotencia a corto plazo es una realidad palpable. Es un instinto innato de supervivencia el que te hace pensar que esa situación se va a superar ya. Pero también, a veces, crees que nunca va a llegar ese momento. Es un estado de espera sin ver nada en el horizonte. Ya no queda esperanza. Todo se vuelve oscuro. ¿Por qué y hasta cuándo?

Mis hijos no fueron conscientes de la situación. No les faltó de nada. El cariño aún fue mayor porque era la suma del amor a un hijo más la tristeza invisible que nos envolvía que, de alguna forma, transformábamos en más amor hacia ellos.

También éramos conscientes de que muchos de nuestros amigos íntimos de toda la vida nos evitaban, se hacían los despistados para no saludarnos. Creo que por temor a que les pidiéramos ayuda. ¡Qué triste y cruel puede llegar a ser en ocasiones la vida!, me decía a mí mismo.

Transcurría el año 1.985 sobre el mes de junio. La economía y la inversión nacional estaba aún muy paralizada. No había trabajo por ningún sitio ni iniciativa para hacer algo por cuenta propia. A finales de Julio, me avisaron de la Bolsa de Trabajo del Servicio Andaluz de Salud para firmar un contrato de seis meses, con posibilidades de continuar por ser plaza de nueva creación, como Auxiliar Administrativo en el Servicio de Información al Usuario del Ambulatorio de Linares. Aquello fue como una inyección de adrenalina. Había posibilidades de renovar contrato hasta los tres años y, a partir de aquí, pasaría a interino hasta que hubiera oposiciones o quedara anulada la plaza por considerarse innecesaria al cabo de un tiempo por cesar la actividad del servicio.

Iba y venía a Linares, desde Úbeda, todos los días. No era conveniente cambiar a los nenes de colegio cada dos por tres. Las vacaciones, 15 días por contrato de seis meses, las dejaba para trabajar en el campo y sacar algún dinerillo extra, aunque sólo fuera para los pequeños gastillos. Nueve años seguidos estuve sin disfrutar vacaciones. A lo sumo, algún puente que aprovechábamos para irnos a la Sierra. También fuimos a la playa en un par de ocasiones que unos amigos nos dejaron un apartamento en Aguadulce y Salobreña.

La economía comenzaba a mejorar algo, pero aún seguíamos teniendo la deuda del banco, la cual íbamos quitando poco a poco. Otras veces había que renovar la póliza de crédito por evitar los recargos por demora, etc. No obstante, la inseguridad laboral continuaba. Cada vez que se iba acercando la fecha de final de contrato (cada 6 meses), me deprimía totalmente dándole vueltas a la cabeza alrededor de ese pensamiento constante de si me renovarían o no

501: Proceso a la vida al límite de la existencia

el mismo. La verdad es que llegó a convertirse en un estar y no estar angustioso.

16. CAPITULO RESERVADO: La Separación.

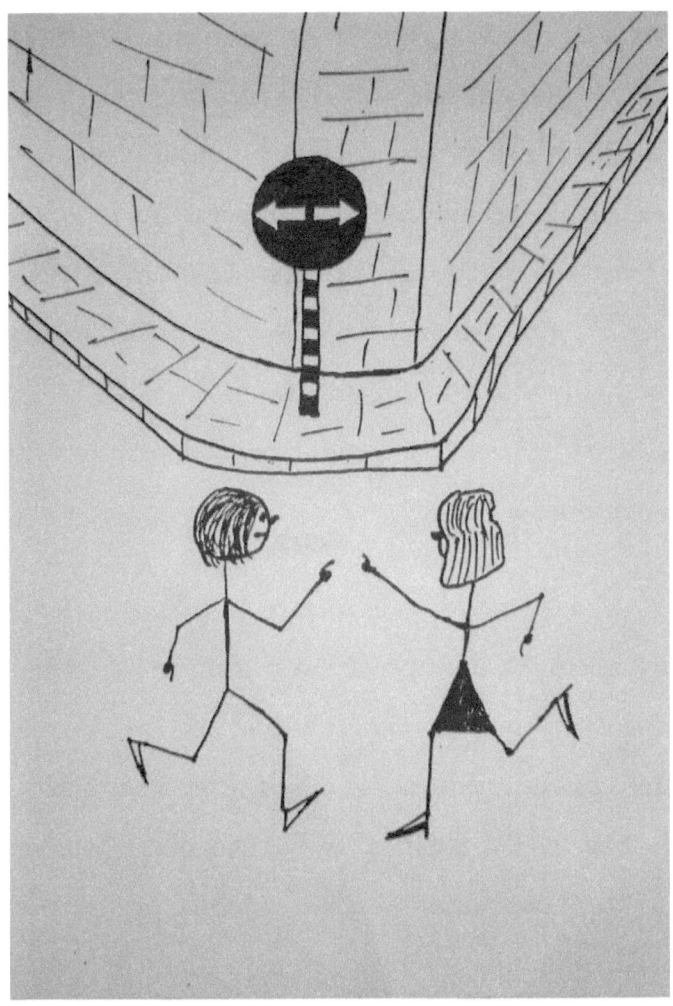

17. EL EXILIO

Recogí algunas prendas de vestir en una bolsa de plástico y me dirigía hacia la puerta de la calle. Antes de salir, volví la vista atrás, miré a mi alrededor y, finalmente, a ella. Entonces pensé que, aquella, jamás volvería a ser mi casa. La bolsa, un coche deteriorado por tantos años de carretera diaria y una deuda bancaria de más de medio kilo era todo el botín conseguido tras esos años de lucha, estudio, trabajo, incertidumbre, desengaños y depresiones.

Había sido derrotado por todo. Había fracasado. Me acompañaba al salir un amigo común que estaba pasando una situación similar a la mía, que unos muy pocos años después, terminaría como la nuestra. Al subir al coche, me dijo: "Manolo, ¿sabes lo que nos pasa? Dime, contesté. ¡Que no nos quieren!, ni más ni menos ni menos ni más". Moví afirmativamente la cabeza con aire de complicidad y, dicho sea de paso, con mucha tristeza.

501: Proceso a la vida al límite de la existencia

Se marchó a continuar con su historia personal y yo, abandonando el coche cerca de la casa de mis padres, me dirigí a paso lento a su casa, no tenía otro sitio a donde ir. Paso del tipo que llevaban los franceses de Napoleón en su retirada a La France poco después del 2 de mayo de "marras", o con el sentimiento del todo perdido del General Caster frente a los Indios Americanos momentos antes de morir. El paso se convirtió en tan lento, que llegó un momento en que era tembloroso en los terminales de las extremidades, eléctrico por la columna vertebral, los Ojos enrojecidos, la garganta áspera, seca y enmudecida. Miraba a mi derecha, hacia abajo, y sólo veía una bolsa con una muda de ropa interior. Mis lágrimas eran tan afluentes, que en alguna esquina encendía un cigarro con el fin de taparme la cara con las manos al encenderlo para que no me vieran las personas que pasaban cerca de mí, ya fueran amigos, desconocidos, conocidos o vecinos.

Por fin llegué a la casa de mis padres. Les conté lo ocurrido, cosa que ellos ya esperaban desde hacía tiempo, tarde o temprano, y dentro de su dolor ante la situación, no se sorprendieron demasiado.

Así comenzó mi exilio. Me sentía perdido, echado de mi hogar, apartado de la convivencia diaria con mis hijos.

Duele el amor perdido, el amor traicionado, el corazón partido o los sentimientos destrozados; a mis hijos de ese convivir constante, de jugar, de enseñarles esto y aquello, ... Ese dolor no tiene precio ni medida en ninguna escala numérica de valores. Lo siente y lo sabe quién lo vive. Es algo que no deseo ni a mi peor enemigo (claro, da la casualidad de que hoy por hoy no tengo ninguno).

Durante mucho tiempo iba avergonzado por la calle. Pensaba que todo el mundo me miraba y cuchicheaban sobre mi reciente historia, ya que no

501: Proceso a la vida al límite de la existencia

soy una persona que pase desapercibida a los comentarios, pues por mi situación y herencia familiar, soy una persona bastante conocida. Pero mi estado emocional era ya catastrófico. Depresivo, derrumbado, sin fuerzas ni físicas ni mentales por falta de emotividad, de proyectos, de iniciativas, ¿de qué más podría decir? Comencé a perder el apetito. En mis preocupaciones por la situación que estaba atravesando, totalmente en contra de mi voluntad, comencé también a tener trastornos del Sueño, lo cual implica, psicológicamente, trastornos del estado de vigilia por falta de descanso, sosiego y/o tranquilidad.

Me encontraba, de nuevo, en otro callejón sin salida. Intentaba ser positivo, optimista y pensar que sólo sería una pequeña etapa transitoria y que pronto me adaptaría a mi nueva situación. Tenía que rehacer mi vida. ¡Pero qué lejos de la realidad me encontraba...! El tiempo transcurría, mes a mes, año tras año, y aquello no era tan sencillo como yo pensaba. Cada día me encontraba peor. Era una condena hacia la soledad.

No podía estar todos los días en busca de mis amigos casados, ellos tenían su hogar, sus hijos, sus proyectos de vida, ...Buscar refugio en ellos para mí significaba ser un intruso en su intimidad y equilibrio evolutivo. Otros llevaban años fuera de Úbeda (uno en Barcelona, otro en Granada, etc.). Otros, aunque amigos, llevaban caminos diferentes desde hacía años y el contacto se había perdido. En definitiva, ya nada era igual. Tenía que empezar de cero. Tenía que iniciar una nueva vida al quedar la que tenía destrozada por las circunstancias y los errores. Tenía que plantearme nuevos objetivos, pero con distinto procedimiento.

Sí, todo esto me aconsejaban los amigos, compañeros de trabajo, familiares. Pero yo me preguntaba: "Bien, Manolo, ¿qué nuevos horizontes vamos a conquistar?". No encontraba respuesta porque, en realidad, andaba sin rumbo, no sabía qué metas proponerme porque las que en verdad deseaba eran las que había perdido: Mi hogar, mi mujer, mis hijos. La meta de cualquier ciudadano normal y corriente. Sólo me quedaban mis hijos como propósito de seguir educándolos, eso sí, como en la UNED, a distancia. Opté por el sistema, ya que no podía hacer un seguimiento constante, de activarles algunas de las facultades que, durante los años que habíamos convivido juntos, sabía que cada uno podía desarrollar con más facilidad con vistas a su futuro. Era todo lo que podía hacer, lo que hice y lo que sigo haciendo.

En cuanto a mí, ¿qué objetivos podía marcarme? Pensé: "Buscar Otra mujer, formar un nuevo hogar, ¿...?". Es difícil. Para empezar, no tienes el estado de ánimo adecuado para emprender empresas de este tipo. ¿Cómo vas a enamorar a una mujer cuando tu estado anímico está por los suelos? Y como no me gusta hacer daño a nadie, aunque sea sin ser consciente del hecho, siempre pienso en las repercusiones que mis actuaciones puedan generar a terceras personas, ¿y si la busco y la encuentro para tapar el vacío creado en mi vida y, al cabo de un tiempo resulta que, en realidad, no la amaba, sino que sólo la necesitaba y la he utilizado? ¿Otro error? ¿Qué era, pues, rehacer mi vida? ¿Volver a los veintidós años que tenía cuando inicié esta historia y continuar desde ahí? Ya no era posible, el tiempo no se podía volver atrás, no conocía el método. Para materializar ese deseo, para que se manifestase en esta dimensión en la que tenemos situado nuestro nivel de consciencia, necesitaba el espacio en el que hacerlo. O, tal vez, alterar el nivel de consciencia. Lo cual no es tarea fácil, considerando que sea posible.

Y comienzas a comerte el coco con el tema de las metas. ¡He aquí el dilema! En principio, eso requiere cambiar todos los esquemas mentales que había ido forjándome durante los doce últimos años, como definitivos, y sustituirlos por otros.

501: Proceso a la vida al límite de la existencia

Pero, claro está, en un estado psicoemocional derivado de una situación no deseada y, lógicamente, ¿qué metas se puede plantear uno dentro de una realidad no deseada? ¿Cambiar esa realidad? ¿Pero, como?

Cuando uno está alegre, optimista, se siente fuerte y seguro, con un estado psicosomático y emocional positivos, esta situación de lanzarte a nuevos proyectos cuenta con el apoyo de esa fuerza vital necesaria que te empuja con valentía a cualquier conquista. Sin embargo, en el caso contrario, el de aptitud negativa, te quedas sin fuerza, sin estímulos, sin iniciativas y con el temor de dar otro paso en falso que te conduzca a un nuevo fracaso. Es un recorrido entre la duda y el miedo al que yo denominaría inseguridad vital.

Llega un momento en el que te sientes incapaz de iniciar cualquier cosa. La mente se queda bloqueada, sin ideas, en blanco. No tienes ni temas de conversación, comienza a invadirte la soledad.

501: Proceso a la vida al límite de la existencia

Tu lenguaje se reduce a conjunciones, artículos, pronombres, adverbios, preposiciones y alguna frase hecha que esté de moda. No conjugas verbos, ni construyes frases. Andas derrumbado, K.O. Es como si en una partida de billar pool metes la negra de salida.

En 1.991 convocó oposiciones el Servicio Andaluz de Salud. Me planteé esa meta y decidí prepararme bien. Ahora disponía de más tiempo libre y además me serviría de logoterapia, es decir, para desviar la atención hacia otro punto de mira. Factor en contra: Conseguir el estado de concentración suficiente. A veces, después de estar dos horas leyendo, resultaba que no recordaba nada de lo que había leído. Al fin, el plan dio resultado positivo. Obtuve el nº 6 de los aprobados en la convocatoria y el 21 de octubre de 1.992 tomé posesión de mi plaza en el Distrito Sanitario de Úbeda. Todo un logro a mis casi 36 años.

La euforia del éxito sólo me llenó temporalmente de adrenalina. Siempre había soñado con conseguir un trabajo estable, pero llegaba un poco tarde, aunque nunca sea tarde si la dicha es buena. De haber ocurrido antes tal vez no me encontrara en la situación familiar que tenía. Poco a poco comencé de nuevo a sentirme vacío. Estaba sumido en una rutina tal que se reducía a ir de la casa al trabajo y viceversa. Un par de partidas de billar por las tardes con un par de conocidos y un par de copas. La cena a las 21:30 horas, algo de tele y a la cama a "disfrutar" de mi incondicional amiga soledad.

No temo a la soledad, me gusta porque le saco partido. Leo, escribo, hago música, pienso, medito, ...También me gusta estar con la gente, pero lo que más me gusta el calor del hogar. Sí temo a la soledad impuesta, no elegida. Esa soledad que te sumerge en la depresión más profunda y en la que regocijas tus añoranzas, tus esperanzas perdidas, tus desencantos, tus anhelos, la traición, el desamor y la impaciencia.

Deseas que comiera el tiempo en un segundo hasta el momento de tu vida en que hayas encontrado una salida a esa situación desesperada y seas consciente de que has llegado, de que por fin ha quedado atrás ese episodio negro de tu vida. Pero, a cambio, ves que no, que el tiempo es lento, que apenas avanza y que tú sigues igual. No ocurre nada nuevo entre un día y otro, de un mes al siguiente ni de un año a otro. Es como si todo se hubiera quedado paralizado, como si estuvieras en un museo de cera observando como nada se mueve, nada altera su ritmo. Sólo que, cada hora que pasa, suena el reloj de la plaza. Y yo, desde mi cama, pienso: "Sí, ya ha pasado una hora más, el tiempo avanza y ya queda una hora menos para cualquier cosa".

Aquella noche, como tantas otras, el silencio invadía mi dormitorio. Casi se podía oler o masticar. Nadie pasaba por la calle, nadie se oía, tan solo, como a cada hora, el reloj de la plaza. Muchas veces escuchaba el camión de la basura: - Las dos y diez-. Más tarde el coche escoba barriendo: - Las cinco y veinte-. Pronto al trabajo. Inmóvil, con la mirada fija en el hueco del postigo de la puerta del cierre iluminado por el naranja del farol de la calle, pasaba mi tiempo hasta comenzar el amanecer del nuevo día, el cantar de los pájaros y, cómo no, en su momento exacto, el reloj de la plaza Poco a poco aumentaba el murmullo y el taconeo callejero, el ruido de los coches y, al igual que todos los días, me avisaba mi despertador acompañando a coro al reloj de la plaza.

Era un nuevo día, un nuevo día igual que ayer, como el del año pasado, como el del año anterior y, posiblemente, como mañana y pasado mañana. Todo seguía igual. Me despertaba cansado aunque durmiera. La oficina, los compañeros (a los que desde aquí quiero dar mi más sincero agradecimiento por su apoyo moral), terminaba mi tarea y a la casa. Toda la tarde igual que la de ayer y a la cama. De nuevo en la noche perdido en el deambular de mi mente en su lucha por encontrar alguna salida.

De repente, algo surgió en aquella noche que la iba a hacer diferente a las anteriores. Me puse muy contento. Esa noche, en el museo de cera, iba a salir de la rutina: ¡Estaba lloviendo! El escenario era diferente. Sería igual que la anterior, pero con sonido en directo. Escuchar el salpiqueo de la lluvia en el techo de hojalata del cierre de mi cuarto y sobre los adoquines de la calle daba comienzo a todo un espectáculo. Aquella noche no era muda y podía comunicarme con el cantar del salpiqueo del agua. Tenía ritmo.

Comenzaba a analizarla y a buscarle los compases repetitivos de su estribillo básico, esa estructura base que toda composición musical lleva y alrededor de la cual giran en su sonar el resto de los instrumentos. Observaba las frecuencias con que se repetían determinados sonidos: El de un canalón marcaba una pauta como la del contrabajo. El producido en el techo de hojalata del cierre sustituía a la batería. El salpiqueo sobre la calle imitaba el sonido armonioso de los violonchelos. Algunos goteos sobre los cristales del cierre hacían de piano. La fuerza del aire se convertía en instrumentos de viento, agudos o graves según su velocidad. El que entraba por los filos de algún cristal hacía aparecer una flauta. Los dedos de mi mano martilleaban sobre la pierna adaptados al mismo compás. Yo coordinaba todo mentalmente y le sacaba estribillo sobre su repetitivo ritmo, incluso imaginaba alguna letra o un solo de saxo.

El ritmo aumentaba o disminuía en función de la intensidad de la lluvia y del viento, así como su volumen, pero sin perder la misma estructura musical dado que seguía manifestándose por los mismos canales. Aquella noche estuve sosegado,

501: Proceso a la vida al límite de la existencia

contento y el tiempo avanzó más deprisa. Aquella noche llovía música. El museo de cera había cobrado vida, se celebraba un gran baile. Era un reto al silencio y a la soledad. La noche recobraba vida y yo el sentimiento. Aquella noche, el duende de la música vino hasta mí y me hizo sentir amor. Aquella noche, el reloj de la plaza no se escuchó. El ruido de las ruedas de un coche sobre la calle mojada hizo los aplausos al pasar. Y en medio de tanta belleza, aquella noche, dormí con mucha ilusión. A la mañana siguiente, al despertar, nada había cambiado y en el museo de cera todo seguía igual. Seguía lloviendo, pero el duende se había marchado, ya no había música y yo, en mi cama, volvía a estar solo una vez más. Desde mi mente le dije, al echarlo de menos, "hasta otro día amigo". Luego volví a sumergirme en mí y me dispuse a repetir otro nuevo día. Es muy difícil salir de una depresión. Los que tienen Su vida bien encauzada, sus quehaceres, su familia, su hogar, en definitiva, su tiempo ocupado, no tienen gana de oír los problemas de los demás. ¿Con quién charlas, con quién sales en este estado tan negativo? La gente busca positividad, no tristezas. No tienen tiempo porque lo tienen ocupado. Sólo quedan los que están libres y, a esta edad, son personas con problemas como el tuyo o similares. Un circulo que tampoco te abre fronteras, ni te ofrece estímulos ni objetivos concretos pues, al igual que tú, andan sumergidos en el pesimismo de sus destinos, en la impotencia, en la búsqueda de esa salida que nunca encuentras, dentro de un laberinto del que te hartas, te cansas, te pierdes hasta que desistes de la esperanza de abandonarlo algún día. Te queda la fe. Esa fe que tantas veces te ha traicionado, decepcionado, abandonado y de la que ya no esperas nada. Tampoco puedes dar porque ya no te queda nada, te has quedado hueco y vacío. Sólo te queda el amor, ese amor que tantas veces ha sido rechazado por alguien a quien se lo querías entregar y que siempre estás dispuesto a dar. Y de ese amor vives algún tiempo hasta que llega un día en que parece que se ha agotado. La soledad y la depresión en esa muerte en vida lo han devorado, lo han consumido. Ya no te queda nada que dar ni por recibir, sólo que el reloj de la plaza dé una 7ª campanada más que la vez anterior y así sentir la alegría de que te queda una hora menos para ir a ninguna parte.

Llega un momento en el que la depresión se convierte en galopante, aumentando su volumen como una bola de nieve al rodar desde la cumbre. Comienzas a abandonarte, no comes bien, no descansas con normalidad, si te tomas una copa te sienta mal. Si la familia o algún amigo te ofrecen ayuda, la rechazas argumentando que te encuentras perfectamente. Si te hablan te molesta. Sólo le prestaba atención a mis hijos cuando iban, pero mi estado era tan negativo que cada vez pasaban menos tiempo conmigo. Sí estaban junto a mí, pero no conmigo. La comunicación se había perdido y sólo veíamos la tele. No sólo me encontraba mal psíquicamente, físicamente estaba destrozado. No podía subir las escaleras sin ayudarme con la baranda.

Llegó la Navidad del 96. Auguraba ser la más triste de mi vida (y eso que ya fueron pésimas las del 89 y siguientes). Había perdido la ilusión por una fiesta que a mí siempre me había llenado de alegría. Pasé la Noche Vieja en casa de mis padres con mis hijos y mi hermano con su familia. En Nochebuena había estado mi hermana con los suyos. Cené una gamba, un botellín de cerveza, dos o tres uvas a las doce y una copa de cava en el brindis.

Después se marcharon mis hijos a una fiesta en la que habían quedado con sus amigos. Acto seguido me acosté. Al día siguiente me costó trabajo levantarme al medio día. Fue una noche terrible en mi cuarto mientras escuchaba las voces y las risas de la gente al pasar por la calle. Todos iban felices, se divertían, ¡era Noche Vieja! El día siguiente,

501: Proceso a la vida al límite de la existencia

festividad de mi santo, transcurrió catastrófica y desoladoramente. Estaba derrotado. Y el día dos, escuché que llegó mi hermano y, junto con mi padre, se empeñaron en llevarme al Hospital.

Al bajar por la escalera de casa mi padre, mi hermano y yo... (continúa/comienza en el capítulo I).

18. LA SENTENCIA

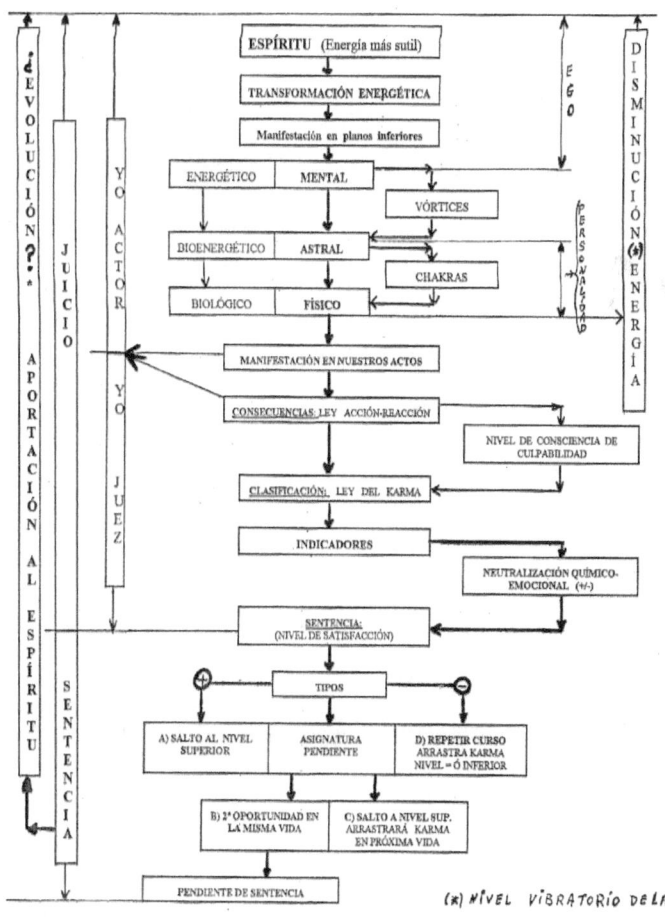

501: Proceso a la vida al límite de la existencia

A medida que las proyecciones regresivas iban acercándose al presente, me di cuenta de que El Juicio estaba llegando al Final. Fue la única medida de referencia atemporal que me hizo ser consciente de que ahora el tiempo ya existía, aunque de otra forma, y marcaba el inicio de un momento crucial de mi evolución en el cual se determinaría mi nivel alcanzado en esta etapa del proceso hacia el objetivo último del ser y así pasar al otro lado.

Había llegado la hora de La Sentencia, de obtener la calificación global al resultado y consecuencias de mis actos a lo largo de mi proceso vivencial. Ahora tendría ante mí a la Ley Universal de acción y reacción en un proceso "químico" de neutralización de las actuaciones positivas y negativas valoradas por la Ley del Karma. Serían tu fiscal y tu abogado defensor en su último discurso previo a la sentencia. La dinámica del juicio te coloca en una posición de Juez y Actor del proceso de tu vida. La sucesión holográfica desde tu infancia de las vivencias de nuestro yo-actor va determinando tu estado emocional, el cual va evolucionando en función del grado y signo (+ o -) que los indicadores van aportando a nuestro yo- interno-juez Son dos papeles, dos funciones de nuestro ser que se manifiestan en el mismo instante, pero en distintos platós. Es una experiencia multidimensional y el tiempo, que en el plano físico mediríamos en segundos, en tu consciencia son años. Tiempo, el espacio y un nivel más elevado de consciencia evolucionan conjuntamente en la misma dirección medidos por la misma unidad barométrica.

El tiempo se agranda en la medida que lo hace el nivel de consciencia, de ahí su relatividad en función de los "ejes de coordenadas" de referencia. Esta dimensión espacio-temporal es la que, conjuntamente con los tres direccionales de la tercera, constituyen la cuarta. Añadiéndose en la quinta el plano astral o etéreo con sus conexiones al plano físico a través de los chacras y con el plano o cuerpo mental en la sexta, para terminar en nuestro plano espiritual y unión con Dios.

La Energía Vital, el Soplo Divino o Espíritu de Dios va pasando desde los planos superiores escalonadamente hasta los inferiores a modo de "alambiques" que la fueran condensando. Es decir, la frecuencia vibratoria de la energía, al "condensarse", va perdiendo su intensidad en la medida que va descendiendo a niveles más densos hasta llegar al plano O cuerpo físico.

Dicho de otra forma, el espíritu, la energía de mayor nivel vibratorio de todo el Universo, va manifestándose en los siguientes planos inferiores según va disminuyendo su frecuencia. Como dijo la Dra. Bailey, la energía es materia en su estado más denso, espíritu en el más sutil.

De este modo, el cuerpo físico, a través de sus cuerpos superiores, va recibiendo esa energía vital para actuar y vivenciar. Pero, a la vez, hay que ir alimentando el espíritu transformando la energía que parte desde el plano físico en sentido ascendente (astral, mental) aumentando su nivel vibratorio hasta llegar al lugar de donde partió, al espíritu, pero una octava más alta. Un peldaño más alto en nuestra evolución. Científicamente, es una constante transformación de la energía a través de las distintas dimensiones la que se manifiesta en cualquier estructura holográfica del Universo, esa es la vida. Y es mental, pues se manifiesta por la energía espiritual que se transforma cuando tiene un tiempo y un lugar para hacerlo. Y aquí es donde radica la verdadera evolución espiritual.

Pero, ¿cómo y de qué se alimenta el espíritu?, pues sencillamente, de amor y de entrega a la humanidad. Me imagino que todo el mundo habrá observado en sí mismo cuando hacemos una buena obra, la culminación de un deber cumplido, una meta conquistada, un regalo a un niño, ayudar a un anciano a levantarse de su caída, etc., que después notas como se te infla el pecho, se llena a tope de aire, la cabeza alta, una cierta alegría nos

501: Proceso a la vida al límite de la existencia

invade, hemos hecho algo bueno, estamos en el camino del amor. Es en este momento cuando nuestro espíritu se está alimentando, es cuando se dice: "¡Estoy más ancho que largo!". Sin embargo, cuando en otras ocasiones hacemos algo mal o lo provocamos por no haber hecho algo para evitarlo, nos encogemos, bajamos la cabeza, los pulmones tienen menos aire y la respiración se agita, los ojos son incapaces de mirar de frente, cara a cara a los de la otra persona, entonces no estamos alimentando a nuestro espíritu, es más, estamos desperdiciando la energía que nos proporciona nuestro combustible, el espíritu.

Ese es el don que tenemos para conquistar el objetivo último de nuestro ser y, basándonos en la teoría del Dr. Einstein de que energía ni se crea ni se destruye, sino que se transforma, la que no vaya dirigida hacia una dirección positiva, hacia el bien, lo hará negativamente transformándose en mal. Y, en la medida en que seamos conscientes del hecho y de sus repercusiones, así nos evaluará la Ley del

501: Proceso a la vida al límite de la existencia

Karma. Éste es el verdadero sentido de la existencia. De no ser así, la evolución no tendría sentido ni tendría el valor prioritario que ocupa en nuestra escala de valores. Si nuestra existencia estuviera limitada a nacer en el planeta Tierra, convencidos de que somos lo único vivo en el Universo, aprender unos sistemas básicos de subsistencia, comernos unas hamburguesas, hacer el sexo y morir, serían absurdos muchos de los esfuerzos que hacemos.

Si durante tu vida aquí nunca te lo has planteado, llegará un momento en que lo harás. En mi experiencia cercana a la muerte tomé consciencia de esto con toda claridad. En esos momentos, no es que intentes convencerte de algo porque sientas miedo o temor, todo lo contrario. La verdad es que cuando llega el momento en que estás convencido de que vas a "morir", de que has llegado al límite de tu existencia, a la frontera y estás preparado, auto convencido y consciente de donde te encuentras, "ves" con toda lucidez que te vas de allí, pero como decía al principio, a otro lado. Vas a emprender un viaje en dirección a tu objetivo, el siguiente peldaño en tu evolución por ese camino que nos llevará hasta el lugar de donde salimos con esta finalidad, Dios.

Esta es una meta que tenemos que ir buscando dentro de nosotros mismos, de la cual formamos parte y, como cualquier cosa creada, poseemos genéticamente en nuestro interior la esencia de la totalidad. Como dijo Hermes Trismegistro, el Todo es Uno y el Uno es Todo. Tenemos que volver al lugar de donde partimos para hacer nuestro recorrido por el mundo de la materia. Basándonos en estas teorías de las transformaciones de la energía por las diferentes dimensiones o planos, en las leyes que rigen el Universo desde la parte más pequeña a la más grande, que son las mismas, y en el objetivo último del ser humano, creo que queda bien claro por qué y para qué estamos aquí.

501: Proceso a la vida al límite de la existencia

Cuando algo se mantiene a lo largo de miles de años en las diferentes culturas de nuestro planeta, como son las religiones, es porque algo O mucho de cierto hay en ellas, pero hay que tener en cuenta un factor elemental: El nivel de evolución y de consciencia del ser humano a lo largo de los siglos. La capacidad de comprensión es distinta. Había que explicar con metáforas lo que no se podía comprender científicamente. Los sistemas y la calidad de la comunicación no eran los de hoy.

Por eso intento dar desde aquí un impulso a la Religión Científica. El objetivo último del ser humano es científicamente demostrable. Pero puede ocurrir:

- **Que** nuestro nivel de consciencia y evolución no hayan alcanzado el grado suficiente para su comprensión. Por eso a lo largo de la historia los más adelantados han llegado incluso a imponer por la fuerza el camino (Guerras Santas,

Inquisiciones, etc.). Lo cual no quita que se hayan podido equivocar y desviarse del verdadero objetivo.

- **Que** la ciencia no haya podido demostrarlo hasta ahora no quiere decir que no exista el objetivo al que me vengo refiriendo, sino que tampoco ha evolucionado lo suficiente como para hacerlo. Y la forma de ampliar sus límites es, como alguien dijo que no recuerdo ahora, plantearle cuestiones que en ese momento no se puedan demostrar. De aquí surge la disyuntiva entre el conocimiento o la fe.

- **Que** cuando el ser humano explote más de ese X% por ciento de las facultades que utiliza ahora conscientemente a través de su evolución genética, que a su vez aumentará su número de conexiones y estructuras neuronales, tendrá otra visión distinta de la realidad física y astral. De la vida y de la muerte. Y le serán obvias cosas que hoy para la mayoría de nosotros son inexplicables.

501: Proceso a la vida al límite de la existencia

Llegados a este punto de encuentro entre el objetivo, el procedimiento y su conocimiento científico, estaremos preparados para la fase siguiente.

Desviarnos de todo esto nos alejaría de la meta haciéndonos evolucionar por senderos equivocados hasta límites insospechados que podrían poner en peligro el futuro de nuestra civilización y, en definitiva, el de la humanidad. Algo que no es nuevo en nuestra historia si recordamos las grandes civilizaciones desaparecidas y que, posiblemente, se debiera a un error de procedimiento u objetivo. Sirva de ejemplo la degeneración de los Acadios al desviarse por el desarrollo equivocado del razonamiento a finales de la época Atlante.

Volviendo a como la ley del Karma evalúa las consecuencias de nuestros actos en función del nivel de consciencia e intencionalidad, esta enviará al yo-juez, a través de sus indicadores (+ o -), los

501: Proceso a la vida al límite de la existencia

datos obtenidos que, a través de un proceso de neutralización psico-emocional, nos darán como resultado el grado de satisfacción obtenido. Y, como lo semejante se rige por las mismas leyes universales, aunque sea en diferentes niveles dimensionales, en el plano físico lo podríamos explicar cómo un proceso químico de neutralización ácido-base, a lo largo del cual, según aumente uno de los dos compuestos, la sal resultante (salinización) irá tomando, según los indicadores que se utilizan en cualquier laboratorio casero, el carácter ácido O básico en función de la proporción y sobre la marcha. Igual ocurre en el plano superior anteriormente expuesto. Y, esta es La Sentencia.

Durante el proceso esta puede ir tomando un carácter positivo o negativo según en qué proporción se vayan añadiendo el grado de las actuaciones vivenciales, digamos, buenas o malas, cuando estas se acaban, lo que a lo largo del proceso ha sido basculante, da un resultado final.

501: Proceso a la vida al límite de la existencia

Lógicamente, como cada caso es juzgado en el interior de uno mismo, cada uno obtiene la Sentencia que se merece. Aquí no existe el "pío pío yo no he "sio", si verdaderamente, has "sio", por lo que de lo cual se derivan varios casos según el estado emocional resultante:

a) Nivel de satisfacción o estado emocional positivo: Alimenta el espíritu en su resultado final implica salto a un nivel de consciencia y evolutivo superior en la próxima encarnación.

b) Asignatura pendiente que se puede recuperar dentro de la misma encamación: Implica depurar karma dentro de la misma encarnación a través del compromiso de trabajar por la humanidad. Karma que puede estar pendiente de encarnaciones anteriores. Se debe aportar algo más, quedando pendiente de sentencia definitiva (p. ej., mi caso).

c) Asignatura pendiente no recuperable en la misma encarnación: Salto al nivel superior, pero arrastrando karma. Deberá purificarse del mismo en la próxima encarnación a través del conocimiento o del dolor.

Otro aspecto para mi aún más interesante, es plasmar algo que materialmente no se puede fotografiar porque su realidad no depende de la luz, luego teóricamente no sería fotografiable. Es la magia del arte de la fotografía con su bola-lente de cristal la que es incluso capaz de levantarnos por encima de la tercera dimensión y ocurre cuando encontramos en sus copias reflejado el amor, la alegría, la amistad, la tristeza, la belleza, la ira o la guerra. Los sentimientos, al margen de la luz directamente, también quedan plasmados para regocijo de la imaginación, los sentimientos o el recuerdo.
Y por último, también destacaría el aspecto humano que encierra este arte, y es que te abre camino a nuevos grupos de amistades, a la naturaleza, a la creatividad y a la imaginación. Al final del

501: Proceso a la vida al límite de la existencia

recorrido, resulta que también ha sido un medio para alimentar a tu espíritu.

19. EL REGRESO

Regresé de nuevo a la habitación 501. Hice un gran esfuerzo para poder despegar mis labios y dije algo, al parecer no inteligible. Observé que me miraron todos con una expresión en sus rostros de asombro. La ropa para mi entierro ya estaba preparada, planchada y demás (de esto me enteré después). Ml padre llevaba en el bolsillo de su chaqueta la póliza del seguro de la compañía que debería hacerse cargo del caso y la tarjeta del Ayuntamiento del número de la propiedad en el Cementerio, pues llevaba unos días que ya no respondía al tratamiento, de color amarillo verdoso, edemas por las extremidades y hombros entre el azul oscuro y el negro, los labios cortados, arrugados y secos, etc. Ni médicos ni familiares se explicaban que hubiera hablado.

Ya sólo tenía puesto el oxígeno, la sonda de la orina y un bote de suero de esos que te ponen cuando ya estás en estado terminal esperando el momento de la expiración.

Más tarde, observé el entorno y todo seguía igual. De vez en cuando, comencé a decir alguna que otra palabra, a fijarme en la televisión y me di cuenta de que todo empezaba a tomar un ritmo normal. Ya no había regresiones ni conscientes ni de forma involuntaria (con consciencia del hecho).

Pasaba muchos ratos pensando en todo lo que me había ocurrido dándole forma y sentido. Daba la impresión de que hubiera estado ausente toda una eternidad. Al mirar a las personas que estaban en la habitación, parecía que llevaba mucho tiempo sin verlas, como cuando te ves al cabo de algunos años con un viejo compañero de la Escuela. Era una sensación agradable. Sin embargo, sólo habían pasado unos días.

El aspecto de los visitantes y familiares observaba que era distinto. Había más luz en ellos, más alegría y captaba una vibración positiva. Poco después, me quitaron el suero y me quedé solamente con la sonda. El médico dijo que podría levantarme un par de horas al día y sentarme en el sillón. Me puse loco de contento, era una sensación de libertad después del estado de "esclavitud" al que había sido sometido que significaba toda una conquista. Rápidamente me senté al filo de la cama y, al intentar ponerme de pie, tuvieron que sujetarme para no caer. No podía sostenerme en pie, estaba sin fuerza y sólo me quedaban los huesos y la piel.

Pasaron un par de días y comencé a salir al pasillo y a la sala de espera de los visitantes. Todo era un continuo comenzar de cero: Andar, hablar, las personas, ..., lo que me hizo recordar, entre otras, mi regresión a la infancia, como relato al principio de estas páginas, cuando salí de la cuna y llegué a la cocina de mi casa en donde se encontraba mi madre y el gato. La dificultad de movimientos, de comunicación y las antenas pendientes de investigar todo, era exactamente la misma que en aquellos momentos. Sentí que volví a nacer y a emprender un nuevo camino.

Salía unos cinco minutos y tenía que volver a la cama muy cansado. En cierta ocasión, estuve husmeando por la planta buscando indicios de la Sala de los Decoradores y de la Habitación de Cristal. Primeramente, los situé geográficamente, me orienté y localicé su situación exacta. La Sala de los Decoradores debería encontrarse justo detrás de la mía, pero allí sólo había unos servicios de lavabo y W, al llegar al lugar donde debería estar la acristalada, me encontré con la Capilla del Hospital. Entré, no recé pero sí oré y salí en busca de una explicación racional que no encontraba. Notaba que iba mejorando a nivel físico, ya que de los otros, creo que jamás me había encontrado mejor, sólo la dificultad de conectar el cuerpo mental y el astral al físico en los aspectos de traducción e interconexión del pensamiento con el lenguaje oral.

501: Proceso a la vida al límite de la existencia

Instaba a mi familia a irnos de allí, no podía aguantar más tiempo en ese plató, me aplastaba la habitación y quería irme a casa. Ante la negativa de todos (lógica), y volviendo a mi memoria la también anteriormente citada experiencia en la escuela del "cuarto de las ratas", me puse manos a la obra y a preparar un plan de fuga. No podía seguir allí.

Tenía controlado el horario de entrada a mi sala de todo el personal (salvo imprevistos, ahí entraban en juego el riesgo y la suerte). Ahora volvía a existir para mí el tiempo y utilizaba el reloj. Encontré un hueco vacío que era cuando mi acompañante iba a comer y las auxiliares de clínica retiraban las bandejas de la comida. En esta situación, había un cruce de personas no pendientes de mí en esos momentos, pues su atención se centraba en su actividad y dejaba un tiempo muerto entre 2 y 3 minutos, el cual era el único que podía aprovechar para mi proyecto. Pero hubo un error de base, mi plan mental no contaba con mi debilidad física y, por lo tanto, la diferencia en el tiempo calculado para el mismo. Justo cuando terminaba lentamente de vestirme con la ropa de calle entró un A.T.S. y, ¿consecuencia?, "hombre atado".

El plan del tiempo muerto había fracasado, por lo que, preso de nuevo con mis cadenas de esparadrapo, insistía en montar otro plan de fuga. Mientras seguía con mis cavilaciones sobre todo lo que había pasado durante los días anteriores, atendía y charlaba algo con las visitas, con el personal hospitalario, etc. Pero seguí obstinado en salir de allí. Fue entonces cuando pensé en hacerlo, para pasar desapercibido, cuando más gente hubiera, momento en el que nadie sospecharía de mis intenciones. Recuerdo que una mañana se encontraba mi hermano en la habitación. Había estado pensando en los ascensores. Al salir del pasillo de la planta hacia la sala de espera había dos a la derecha para los visitantes, dos a la izquierda para las camillas y otro, que no estaba a la vista, para las comidas. Había gente por todos lados. Sonó el teléfono, lo cogió mi hermano y se puso a hablar de espaldas hacia mí. En ese preciso instante salí por el pasillo y me dirigí al ascensor de las comidas. Yo contaba con que, al darse cuenta y salir en mi busca, con toda seguridad vería alguno de los cuatro mencionados que estaban a la vista, en funcionamiento, lo cual le haría creer, al no verme por allí, que era en el que me habría bajado.

Y así ocurrió. Esto me dejaba el campo libre para moverme con toda tranquilidad, lo cual era un punto a mi favor teniendo en cuenta mi estado físico.

Iba en pijama y mi idea era bajar en un taxi hasta la casa argumentando, si me preguntaban, que me habían dado el alta clínica y la ropa se la bajaron por estar sucia. Pero de nuevo cometí un error. No conté con que era una persona bastante conocida en el Hospital, debido a mi trabajo y al estado en el que había estado, y el Celador de la puerta de entrada se dio cuenta y, hábil y tranquilamente, me hizo desistir de mis intenciones.

501: Proceso a la vida al límite de la existencia

En esta ocasión ya no me ataron pero mis familiares, cabreadísimos, se habían convertido más que en acompañantes en guardias de seguridad. ¡Ah!, se me olvidaba añadir qué pasó con la sonda de la orina. Muy sencillo, como no me la podía quitar lo mejor era llevársela puesta, había pensado en mí desesperación por abandonar aquello. Como lleva unas agarraderas para colgarla en el lateral de la cama y había esperado un momento en que coincidiera que estaba casi vacía, le di un par de vueltas al tubo alrededor de la pierna y enganché la bolsa a la cinta del pantalón por dentro.

Entre estas y otras anécdotas, llegó el día 20 de enero de mi inolvidable 1.997, me dieron de alta porque había algunos casos de gripe por el Hospital y sería problemático medicarme contra ella en mi estado.

Salimos del Hospital los mismos que habíamos llegado el día 2. Al salir a la calle tenía la impresión de que salía de una cárcel en la que hubiera estado metido durante años. Miré los árboles, el cielo, el roce del aire en la cara que inspiré hondo y lentamente. Me sentía muy feliz y, además, libre por fin. Nos dirigimos hacia el coche y llegamos a casa. Tenía por delante un largo proceso de recuperación. Casi tenía que volver a aprender a andar de nuevo. No podía subir o bajar las escaleras. Apenas podía masticar el pan o la fruta. En definitiva, estaba "hecho polvo". Ahora tenía todo el tiempo para mí. La familia me animaba, mis hijos me dieron una fuerza interior grandísima e inicié mi trabajo pendiente con ellos y conmigo mismo lentamente, sin prisa pero sin pausa.

Poco a poco fui superando la depresión y hoy por hoy la vida es otra para mí. Todo ha cambiado de color, todo lo veo positivo, lleno de posibilidades y de optimismo, de ganas de vivir y de aprobar mi asignatura pendiente. En cierto modo notaba que algo había muerto dentro de mí, como en el simbolismo del dragón de siete cabezas que los caballeros de la Edad Media salían para matarlo y así poder liberar a la Princesa. Yo también me sentía liberado de ese peso con el que había cargado durante tantos años.

Entre otras cosas, decidí escribir este libro para dejar una semilla en el tiempo que pudiera alguna vez ayudar a alguien en su camino.

Gracias a todos

Úbeda, 20 de enero de un año después.

(*) Quiero hacer una mención especial en este libro a Manolo Vacas (Presidente de NUDIALI), a Caty (Psicóloga), así como al resto de los compañeros, por su ayuda en mi recuperación post hospitalaria.

A mis hijos Fernando Y Juanma que han colaborado con el prólogo y las ilustraciones. A todos mis amigos y familia, y a toda la humanidad.

www.ingramcontent.com/pod-product-compliance
Lightning Source LLC
Chambersburg PA
CBHW020635220526
45464CB00001B/153